最好的男孩教育在西点

THE SPIRIT OF WEST POINT

何亚歌 编著

煤炭工业出版社
·北 京·

图书在版编目（CIP）数据

最好的男孩教育在西点/何亚歌编著. --北京：煤炭工业出版社，2015（2023.6重印）

ISBN 978-7-5020-4935-5

Ⅰ.①最… Ⅱ.①何… Ⅲ.①成功心理—青少年读物
Ⅳ.①B848.4-49

中国版本图书馆CIP数据核字（2015）第186753号

最好的男孩教育在西点

编　　著　何亚歌
责任编辑　刘新建
特约编辑　袁旭姣　曹刘霞
特约监制　朱文平
封面设计　@嫁衣工舍

出版发行　煤炭工业出版社（北京市朝阳区芍药居35号　100029）
电　　话　010-84657898（总编室）
　　　　　010-64018321（发行部）　010-84657880（读者服务部）
电子信箱　cciph612@126.com
网　　址　www.cciph.com.cn
印　　刷　三河市金泰源印务有限公司
经　　销　全国新华书店

开　　本　710mm×1000mm $^{1}/_{16}$　**印张**　$13^{1}/_{2}$　**字数**　150千字
版　　次　2015年11月第1版　2023年6月第3次印刷
社内编号　7781　**定价**　36.00元

前 言

美国总统罗斯福曾说：“整整一个世纪以来，我们国家任何的学院都无法和西点军校相比，因为西点军校培养出了众多杰出的军事人才和商界领袖。从企业管理的角度来说，美国其他商学院所教授的仅仅是管理的理论、方法和技巧，而西点除此之外还塑造了企业家的灵魂！”

美国总统艾森豪威尔曾说：“西点军人是美国的骄傲。如果每一个美国人都能够像西点军人那样充满信仰，并且训练有素，那么我们就会在各个领域都取得成功。”

美国总统尼克松曾说：“西点军人是美国的骄傲，如果美国公司中的每个员工都能像西点军人那样充满信仰，并且训练有素，我们根本就不用惧怕同日本和德国的商业竞争。”

几届美国总统都给予了西点军校极高的评价，他们热情地赞美了这个世界上最具魅力的学校。那么，西点军校到底是怎样一座高等学府呢？

西点军校是美国第一所军事学校，位于纽约州西点，距离纽约市约80公里。它是美国历史最悠久的军事学院之一，曾与英国桑赫斯特皇家军事学院、俄罗斯伏龙芝军事学院以及法国圣西尔军校并称世界“四大军校”。西点军校是培养军事人才的摇蓝，罗伯特·李将军、潘兴、麦克阿瑟、布雷德利、巴顿、施瓦茨科普夫等著名将领都是出自西点军校。西点军校还为美国人民培养出了3位伟大的总统：内战时期南部联盟总统杰斐逊·戴维斯、第18任总统尤利西斯·格兰特、第24任总统德怀特·艾森豪威尔。但是鲜为人知的是众多的跨国公司CEO、董事长、总经理等高级管理人才也毕业于西点军校。

其实，西点军校的辉煌与其学员的心理素质有着极为密切的关系。试想，一个心理脆弱的军人如何能经得起战争的考验，又如何能在战争中积极主动地完成上司交给的任务呢？一个处处寻找借口的人又怎么能做好自己的工作呢？一个没有乐观精神的人又怎么会以微笑面对困难？一个只有情绪没有理智的人又怎么能够统帅万军，让下属心服口服呢？总之，西点的成功从某种意义上来说是良好的心理素质造就的。

几乎所有的西点军人都有着较好的心理素质，否则就会被其严格的学校制度所淘汰。“合理的是训练，不合理的是磨练”，进入西点军校应该做好充分的心理准备来接受一切严酷的考验。所以从西点军校毕业的学员都有一个明显的特征，那就是他们都具有强大的承受挫折的能力。换句话说，当面对灾难与不幸时，西点军人都能够始终以坚强的姿态来面对，而不是畏惧地逃避。

“职责、荣誉、国家”是西点的校训，所有的西点军人都在尽心尽力地履行这一准则。他们将荣誉视为生命，他们用男子汉的肩膀撑起“职责”的天空，他们将国家的利益放在了第一位。他们是无比优秀的军人，他们更是坚强乐观的社会精英，他们身上有许多精神与品质值得我们学习。

“服从”是军人的天职，更是西点军人的天职。当上司下达命令时，他们绝对没有任何借口，立即去执行。

西点军人都信奉“终身拼搏”的理念，他们要求自己能够做到尽善尽美，他们会提醒自己：“竭尽全力做到最好！”就这样，西点军人在一步步地前进着。当然，他们并不是“尽信书”的呆子，他们更懂得怎样勇敢地超越前人的经验，而且不骄不躁、从容冷静、沉着面对任何困难。

西点军人在用自己的行动为我们上一堂生动的心理课。亲爱的读者朋友，当你从巴顿的身上懂得了克制情感的重要意义，当你从鲍威尔身上懂得凡事都要全力以赴，当你从艾森豪威尔的身上领略到领袖的风采，那么这本小书便实现了它应有的价值。相信读完本书，你的内心也会变得更加坚强，人生也会变得与众不同。

在此，非常感谢西点军校对世界的杰出贡献，愿伟大的西点精神永垂不朽。

目录

第1课 情绪课——放下抱怨，打好手中的烂牌

第2课 挫折课——以微笑直面惨淡的人生命运

第3课 性格课——要有信心把握自己的未来

第4课 成功课——多坚持一分钟，就能达到终点

第5课 交际课——帮助别人，就是拯救自己

第6课 学习课——打破陈规，敢于突破既有经验

第7课 修养课——牢记责任，不为失误寻找借口

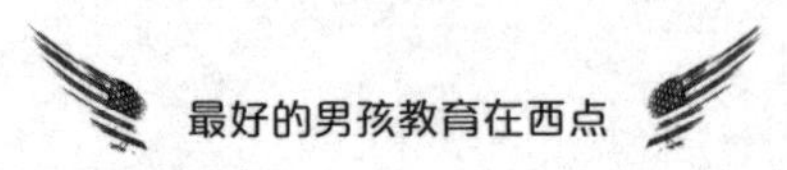

第 1 课

情绪课——放下抱怨，打好手中的烂牌

为了获得真正的自由，必须尽力约束自己

1915年西点军校的毕业生、美国陆军五星上将奥马尔·纳尔逊·布莱德雷曾说："一个能自制的思想，是自由的思想，自由便是力量！有时，为了获得真正的自由，必须暂时尽力约束自己。"由此可见，自制与自由的关系何等密切！

世上没有绝对的事情，自然也不会有绝对的自由。一个人只有尽力约束自己，才能获得真正的自由。如果一味追求自由，而对自身不加以约束，那么恐怕永远也无法得到自由。

很久以前有一个年轻人，他追求完全自由自在的生活，非常不喜欢生活对他的任何约束。他讨厌理发师对自己的摆弄，因而拒绝理发，一任头发胡须自由疯长。他讨厌洗澡时受水的冲刷和毛巾的揉搓，因而拒绝洗澡，一任污垢满身，虱子乱爬。他讨厌鞋子、袜子对他的约束，因而拒绝穿袜，把鞋子也脱掉扔了。他讨厌上衣对他的束缚，因而把上衣脱下扔了，打着赤膊。最后，他只剩下腰中皮带和裤子的束缚了。此时，他很不耐烦地对皮带说："你给我滚开吧！你为什么老是约束着我？"皮带不紧不慢地回答说："假如你失去我这唯一的约束，你可能

就完全失去你的人格了。”“胡说！你给我滚开吧！”说完，他找来一把剪刀，毫不犹豫地剪断了皮带。可想而知，皮带断了，裤子也就掉了。此时，他喜不自胜——为解脱了全身的所有约束而感到高兴不已。可是没过多久，人们就把他当作精神病人关进了精神病院，他无法忍受任何约束，所以他最终被彻底地约束了。

在现实生活中，一个人会受到各种各样的约束，正因为有了这些束缚，人才最大限度地享受到了自由，享受到了束缚带来的尊严、名利、金钱、快乐等。试想一下，如果没有了约束和束缚，我们也就会很快失去这些得之不易、失之惋惜，甚至悔恨终身的自由。

在闻名世界的西点军校里流传着这样一个故事：

有一个非常出色的间谍被敌军捉住以后，立刻装作聋哑人。不管对方用什么方法审问他，他都不为所动。后来，审问者假装和气地对他说：“好吧，看起来我从你这里问不出任何东西，你可以走了。”你认为这个有经验的间谍会怎样做呢？他会立刻带着微笑，转身走开吗？不，你错了！只有那些没有经验的间谍才会那样做。如果他真的这样做了，这只能说明这个人没有很强的自制能力。这个出色的间谍依旧像毫不知情似的呆立着不动，仿佛他完全听不懂那个审问者的命令似的，这样他就取得了最后的胜利。审问者原本是想试探他是否真的聋哑，因为一个正常人在被折磨之后最终获得自由时，常常会控制不住内心的激动，从而露出马脚。但这个间谍听到获得自由时依然毫无动静，仿佛审问还在进行，这使审问者相信他确实是个聋哑人，只好放他出去了。就这样，这个非常有经验的间谍以他极强的自制力逃过了一劫。

是什么拯救了这个身处险境的间谍呢？是坚强的自制力救了他的命。倘若他是一个没有自制力的人，不懂得尽力约束自己，又怎么能骗过敌人呢？

快乐自由与约束常常结伴而行，有自制力的人会得到快乐自由；相反，忽视自制力的人就会失去快乐自由。追求快乐自由是每个人的梦想，愿我们在约束的关照之下，充分享受快乐自由。

自觉遵守纪律，不在别人的监视下被迫履行

西点对纪律的要求是十分严格的。开始时，学员只是把它当作一种形式，时间久了就习惯成自然，逐渐把军校的目标变成了个人目标，把原本强调的行为变成了一种自然行为，自觉遵守纪律。

西点从学员进入军校开始就十分强调纪律的重要性。西点军校把“自觉自律”作为意志成熟的标志。

“我们要做的是让纪律看守西点，而不是教官时刻监视学员。”西点军校以此来要求每一个学员遵守纪律，它是每一个优秀的军人必须具备的基本素质。一个人要想成为某个领域的佼佼者，自觉自律是必不可少的；一个年轻人将来要更好地为国家服务，也必须具备这样的品质。

约翰·史密斯是一个非常有名的美国商人，说起他成功的原因，他总要谈及叔叔对他的影响和教育。

他的叔叔汤姆在铁路上工作了一辈子，那是一个不大的车站，坐落在一个名叫洛顿·克劳斯的小地方，一天大约只有几列火车在这个小站进进出出。叔叔既是站长，又是售票员和信号员。事实上，站里的一切都归他管。

小车站被管理得井然有序，这得益于汤姆叔叔对规章制度一丝不苟的执行。诸如旅客可以做什么、不许做什么，哪里可以吸烟、哪里不能吸烟等规定是再清楚不过了。

汤姆叔叔在那个小车站工作了几十年。他的工作是非常出色的，几十年来没有一天懈怠过。后来，到了他退休的年纪，铁路公司安排了一个小小的告别仪式，并委派约瑟夫爵士亲临小站主持仪式。

约瑟夫爵士将一张支票作为礼物赠送给汤姆叔叔，但是汤姆叔叔并没有接受，而是对约瑟夫爵士说："我并不需要钱，我的意思是说，我能不能得到一件可以使我能回忆起小车站快乐时光的东西？"

那么，汤姆叔叔心目中的那个可以唤起他快乐记忆的东西是什么呢？

"我要一节旧车厢，一节就够。多旧多破都没有关系。我要把旧车厢放在我家后花园里，每天去里面坐一坐，那样我就可以想起在洛顿·克劳斯度过的美好时光了。"

约瑟夫爵士想了想，便对汤姆叔叔说："好吧，如果这就是你想要的东西，那么你可以得到它。"

没过多久，一节旧车厢被放置在汤姆叔叔家的后花园里。汤姆叔叔

还像往日在车站上班一样，辛勤工作，将那节旧车厢收拾得干干净净。

一天，汤姆叔叔生病了。约翰·史密斯和阿尔伯特去看望汤姆。那天，他们刚下火车就下起了雨，到汤姆叔叔家时雨更大了。阿尔伯特敲门，无人应声。门并未上锁，他们便推门进去，却没有看到汤姆叔叔的人影。阿尔伯特说："他一定在那节旧车厢里，我们到后花园去找他吧。"

不出所料，汤姆叔叔果然在后花园，但不在车厢里，而是坐在车厢外面的阶梯上，嘴里叼着一只烟斗，头上顶着一件雨衣，雨顺着他的后背往下流淌。

"你好，汤姆。"阿尔伯特说，"你怎么不坐在车厢里呢？"

"你难道没有看见吗？铁路公司给我的这节车厢是一节禁止吸烟的车厢。"汤姆叔叔说。

每提及恪尽职守，约翰·史密斯总不忘说一句："自觉自律的叔叔就是我努力工作的榜样。"

纪律要求每个人遵守，但如果能够自觉地遵守纪律，而不是在别人的监视下遵守的话，就能够避免很多意外发生，同时自律会让你的生活有条不紊，越走越顺。其实，从汤姆叔叔的身上，我们可以看出西点军人信奉的纪律观念。

巴巴拉是来自美国加州、现于中国南京读书的女孩。在学校里，她与家住南京又是同学的中国女孩林娜非常要好。一次中秋节，林娜与父母说好要请巴巴拉来家中做客。过节那一天，巴巴拉准时赴约。林娜的父母做了一桌非常丰盛的饭菜，通过林娜得知巴巴拉非常喜欢吃鲟鱼，于是特意做了红烧鲟鱼。吃饭时，他们发现巴巴拉只是用筷子触动了一下鲟鱼，然后就再也没动过，就连林娜为她斟满的一杯红酒，她也未沾一口。看到这种情形，林娜的母亲禁不住问道：“鱼烧得不好吃吗？”巴巴拉忙起身答道：“不是的，味道闻起来非常香，但有一点，我们的州法规定：怀了‘子’的鲟鱼是不许吃的。”

林娜又接着问：“那么酒呢？”巴巴拉回答道：“在我们美国不满19岁的女孩子是不许喝酒的。”此时，林娜的父亲忍不住说：“不要紧的，这是在我们中国，美国人是不会知道的。”可巴巴拉回答说：“作为一个美国公民，即使不在本国，法律也是要遵守的，这是我们国家对我们的要求，我必须遵守。”

巴巴拉在没有人监视的情况下，依然自觉地遵守国家的法律规定。她实在是很多人都应该学习的典范，自觉遵守纪律，使一切都处在秩序中。

“没有规矩，不成方圆。”西点学子认为，纪律作为一种约束手段是必需的。任何地方都没有绝对的自由。不管在什么地方，规章制度作为约束和评判标准是必要的。作为社会的一分子，每个人都有义务自觉遵守“纪律”，而不是在别人的监视下才被迫履行。

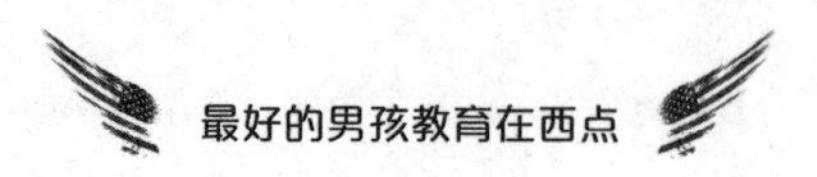

控制自己的情绪，千万别让情绪左右了自己

西点军校有句名言："冲动，绝不是真正英雄的性格。"在西点的军事教育发展方针中，西点明确提出培养学员"理性的勇敢"。所谓的"理性的勇敢"不是不评估环境情况，就轻率冲动路见不平的勇敢，不是有所不屑就出手相搏的勇敢，更不是简单的血气之勇。"理性的勇敢"更多地表现为能够控制情绪、冷静分析、临危不惧的优秀品格。

1943年8月3日，在西西里指挥第7集团军的巴顿，视察了第15后方医院。当他巡视到伤员时，突然看见了一个26岁未负伤的二等兵。这些医院中伤员的伤情是非常恐怖的，巴顿看到过一个医院的伤员的头顶已经被掀掉了一半，看到过一些伤员的四肢已经被炸掉。于是，他询问这个二等兵在做什么。二等兵回答说："我感到很恐怖，我再也受不了了。"巴顿听了，压不住心中的怒火吼道："你是个十足的胆小鬼。"他把二等兵臭骂了一顿，之后命他出去。可是，二等兵一点反应都没有，巴顿气愤至极，扇了他一记耳光，一把扯住他的衣领把他拎了起来，接着把他踢出了收容伤兵的帐篷。

一个星期之后，又发生了同样的事件，这次是在第93后方医院。巴

顿接见了6个伤势严重的伤员之后，不加解释地把另一个因发高烧而住院的病人给打发走了。然后，他的目光落在一个缩成一团、不住发抖的二等兵身上。

“你怎么了？”

“我感到害怕。”这个人抽泣道。

巴顿大声喊道：“你说什么？”

“我害怕，我再也受不了炮轰了。”

巴顿怒斥道：“害怕？见鬼！又是个胆小鬼！”他扇了他一耳光：“不许再嚎了！我不想让这些负了伤的勇士看着你这个胆小鬼在这里哭喊。”

他冲这人的头部又是狠击一拳。一个护士吓得不禁抽噎起来，于是她马上被带走了。巴顿对医院里接待他的官员命令道：“这兵是你收留的吧？他在装病，我不允许这些没有勇气上战场的胆小鬼把医院塞满。”

一大群护士和伤员从病房出来聚在外面，弄不清楚巴顿为什么在这里大吼大叫。巴顿又转向这个二等兵说：“回到前线去，你也许会阵亡，但你必须到前线打仗。如果你不去，我就命令执法队把你枪毙。”

艾森豪威尔将军得知后决定保守秘密，然而他又大为恼怒，派遣一位军团司令约翰·卢卡斯去警告巴顿，如果他仍像疯子一般行动的话，他就要受到重罚。

巴顿是历史上著名的将军，冲动让他失去了理智。作为一名将领，应该懂得控制自己的情绪，千万别让情绪左右了自己，误了自己的人生大业。

与巴顿将军相比，华盛顿就显得高明多了。

1974年，已经成为上校的华盛顿驻防在亚历山大市，当时弗吉尼亚州议会正在进行议员选举，有一个名叫威廉·佩恩的人与华盛顿政见不同，因此支持的议员人选也不同。于是两人展开了一场唇枪舌剑的辩论，辩论进行到最激烈的时候，华盛顿一时没有控制好自己的情绪，说了几句非常难听的话。脾气暴躁的佩恩盛怒之下挥起手杖将华盛顿打倒在地。华盛顿的部下闻讯赶来，试图为他们的长官报仇。华盛顿却劝阻大家平静地返回营地，说自己一定会处理好所有的问题。

第二天上午，华盛顿约佩恩在一家当地的酒店碰面。按照当时的贵族习俗，佩恩以为华盛顿会要求他道歉，并且会和他决斗。可是，令他想不到的是，到了酒店后他才发现等待自己的不是盛怒的华盛顿，而是笑容可掬、手持酒杯的华盛顿。华盛顿说："佩恩先生，请你原谅我昨天的鲁莽冲动，如果你觉得我们已经互相抵消，不如就让我们握手言和做个朋友，如何？"

就这样华盛顿收获了一个朋友而不是敌人，从此之后，佩恩成为华盛顿坚定的支持者。

试想一下，如果当时华盛顿选择继续鲁莽行事，事情将会如何发展呢？或许当天愤怒的军官会猛揍一顿佩恩，那他们可能会受到军纪的惩罚而葬送前程。或许第二天华盛顿要求和佩恩决斗，那么华盛顿可能会有生命危险，甚至还有可能伤害到无辜者的性命。但华盛顿化敌为友的冷静抉择，让他得到了尊重，赢得了朋友。

一些人认为冲动是血性的体现，很有英雄气概。但是，又有谁认为华盛顿不是一个盖世英雄呢？美国首都以华盛顿命名，显然证明鲁莽对他的政治生涯并无好处，冲动更加不该是英雄所为。宽容待人的风度和一笑泯恩仇的气度才是为人处世的法宝。

总而言之，西点学子都懂得冲动对事业与人生带来的危害，都尽力克制自己的情绪。他们始终相信意气用事绝不是英雄所为，只有控制自己的情绪才能够赢得最后的胜利与成功。

放下抱怨，打好手中的烂牌

当今世界，很多人都在抱怨，抱怨出身寒微；抱怨人际关系难处；抱怨薪金低……

抱怨，是“太糟了”心态的集中表现，是人类与生俱来的顽疾，更是现代人的通病。

生活中人与人的争吵常常来自抱怨。“都怪你，这么晚才起床，害得我上班都迟到了！我怎么有你这么个懒儿子！”妈妈冲儿子吼着。

“都怪你，怎么没把我的铅笔盒放在书包里！我们家怎么找了个这样的保姆！”儿子朝保姆大吼。

“都怪你，把我刚扫干净的地面弄脏了，怎么养了你这么一只害人

的猫！”保姆冲家猫大吼。

……

抱怨就像瘟疫，传染，蔓延，让所有的人心情都受影响。

我们应该放下抱怨，以积极向上的心态来面对自己的处境。抱怨是成功道路上的障碍，摒除它，为自己的人生打开一个新局面。

19世纪中叶，一个婴儿出生于德国法兰克福的一个富豪家庭。自幼聪明伶俐，更受到良好的教育。在家族力量的庇护下，从来没有经历过一点挫折，他无忧无虑地成长着。

然而，有一天不幸降临到他头上。1833年，他的家族因政治迫害全部逃到瑞士。生活状况的改变使他的脾气变得越来越暴躁，几乎无法控制自己的情绪，于是他把这一切都归咎于那次该死的政治迫害。

整天闷闷不乐的他时常到乡下散心，有时会把石块狠狠地扔到河里，也会用石块去驱赶悠然吃草的羊群，以此来宣泄自己心中的不快。

有一天，他来到一个农场。由于前不久遭遇了一次洪水侵袭，长势良好的庄稼被毁坏了，场面惨不忍睹。他的心情也随之坏到了极点，开始抱怨这令人讨厌的洪水。这时，远处一个正在劳作的农民闯入了他的视线。走近后，他发现那个农民正在补种庄稼，干得非常卖力气，大滴的汗珠落在地上。在他的身后是补种好的庄稼，一行行整整齐齐，就像是充满韵律的诗歌。

“你好！欢迎来到这里。”农民热情地和他打招呼，看不出有什么不高兴。他好奇地问道：“庄稼被毁掉了，您怎么一点也不生气呢？”“这位年轻的先生，一味地生气抱怨有什么用呢？那样只会使事情变得更糟糕。从表面上看是洪水毁坏了我的庄稼，但从另一个角度来分析，洪水也带来了丰富的养料，我敢保证今年一定是个丰收年。”说完，农民哈哈大笑起来。

听完农民的话，他不由陷入了深思。是啊，抱怨有什么用呢？抱怨不能改变任何东西，只能使事情变得更糟糕。他对农民深深地鞠了一躬，觉得心中的郁闷与不快都烟消云散了。

后来，因为他特别喜欢科学研究，成了一名药剂师助手。那时，婴儿因没有合适的奶制品，死亡率很高，于是他开始研究适合婴儿的奶制品。在研制的过程中，他失败了很多次，每次失败时他都会想到农民的话，以更加积极的心态投入到研究中去。

1867年他成立了自己的食品公司，用他研制的婴儿奶麦粉，成功地挽救了一位因母乳不足而营养不良的婴儿的生命，从此，开创了公司辉煌的百年历程。

那个年轻人就是亨利·内斯特莱，他所创立的公司叫雀巢。

世事难料，人生路上难免会遇到一些挫折。当不幸降临时，我们应该放下心中的抱怨，坚持自己的梦想，相信有付出就会有收获。

美国第34任总统艾森豪威尔是西点军校走出来的名人，他的故事很值得我们深思。

艾森豪威尔年轻的时候，一次跟家人一起玩纸牌游戏，连续几次都抓了糟糕的牌，他不由自主地抱怨起来。

“如果你想玩，就必须用你手中的牌玩下去，不管那些牌怎么样！”妈妈停了下来，严肃地对他说，“人生也是如此，发牌的是上帝，不管怎样的牌你都必须拿着，你能做的就是尽你全力，求得最好的效果。”

很多年过去了，艾森豪威尔一直牢记着母亲的话，从未对生活产生过抱怨情绪。相反，他总是以积极乐观的态度去迎接命运的每一次挑战，尽自己所能做好每一件事。他从一个默默无闻的平民家庭走出，一步一步成为盟军统帅，最终成为美国历史上第34任总统。

艾森豪威尔逝世后，约翰逊在给他的哀悼词中称赞他“勇敢和正直”。他的这种勇敢和无所畏惧的性情正是承袭了母亲当年的教诲：人生如打牌，既然发牌权不在你手里，那么，你唯一能做的就是放下抱怨，用你手中的牌打下去，并努力将其打好。

艾森豪威尔之所以能够取得成功，登上总统宝座，这与他处世的态度有着极为密切的关系。不管遇到什么事情，他都能够放下抱怨，拼尽全力打好自己手中的烂牌，自然成功就非他莫属了！

抱怨其实是一种无形的伤害。抱怨伤害亲人、朋友、同事等我们身边的人。同时，无休止地埋怨对自己本身也是一种伤害。当抱怨成为一种习惯，人会很容易发现生活的负面，并加以放大，甚至身边人的一个眼神、一句话都可能让你浮想联翩，也就越发使情绪“黑云压城城欲摧”。

为了让自己活得更加轻松自在，我们应该拒绝抱怨，要做好以下三点。

（1）用心做好自己的事。

一个人的能力是有大小的，所以我们更应该做那些自己能够做、做得好的事。多琢磨事，少琢磨人，这是成功者的处世之道。毕竟人的精力是有限的，把有限的时间都用于有意义的事情上，哪还有时间自寻烦恼呢？

（2）和衷共济，与人为善。

我们每个人都好比棋盘上的一粒棋子，不论是将帅还是兵卒，都有一定的用处。如果我们每个人都能像走棋那样，通盘考虑，既能恪尽职守又能为其他人创造便利，那么我们就可以形成一种强大的合力，这种合力是有利于我们实现各自的目标的；反之，那将是抱怨不断涌现的根源。

（3）学会换位思考、自我调节。

据医学专家研究，人们过度的忧郁、生气和抱怨，很可能引发胃病、心脏病、高血压和神经衰弱等。因此抱怨不仅不能解决问题，还会损伤自己的身体。有时换位思考一下，心胸再宽广一点，问题也可能没有你想象的那么严重了。此外，要学会自我调节情绪。找个朋友倾诉一下内心的苦闷，或听一听节奏舒缓的轻音乐，或到空旷安静的地方散散步，这些都会有利于情绪的放松和稳定。

让自己拥有火一样的热情

西点军校戴维·格立森将军曾说："要想获得这个世界上的最大奖赏，你必须拥有过去最伟大的开拓者所拥有的将梦想转化为全部有价值的献身热情，以此来发展和展示自己的才能。"

西点学子埃德加·爱伦·坡又说："热忱是一种力量，它可以融化一切；热忱源自内心，它不是虚伪的表象。热忱使人充满了魅力和感染力。在一个积极有力的人面前，纵然是坚冰也不再冷漠。"

西点军校的辉煌业绩当然也少不了热情，西点学员从不无精打采地学习、磨磨蹭蹭地去训练，就算在训练中遇到挫折或失败，他们也决不会找借口为自己开脱——比如说自己的身体健康有问题、没有完全发挥等——而是认真地审视自己。实际上，正是这些积极因素对他们未来战争中的胜负起了重要作用。由此可见，热情对西点学子是何等的重要。

如果西点学员失去了热情，那么他们就会失去作战的勇气。毋庸置疑，凭借热情，他们释放出潜在的巨大能量，培养了坚忍的品格；凭借热情，他们把枯燥乏味的军校生活变得生动有趣，也使自己充满活力，培养了自己对军人职业的狂热追求；凭借热情，他们感染了周围的人，让大家理解自己、支持自己，建立了良好的人际关系；凭借热情，他们获得了上司的提拔和重用，赢得了珍贵的发展机会。热情具有如此神奇的魔力。

发自内心的热情，会让你超越自身的束缚，释放出最大的能量。你不会知道自己身上蕴藏着多么巨大的力量，你不会明白自己能创造出何等辉煌的奇迹。你的潜能，只有在用热情冲破心灵的羁绊时，才能点燃生命的熊熊烈火。

毕业于西点军校的著名棒球运动员杰克·沃特曼拥有像火一样的热情，正是热情让他创造了一个又一个神话。以下是他本人的一点体会：

当我退伍后，我加入了职业球队，但不久，遭到有生以来最大的打击，我被开除了。因为我的动作无力，球队的经理有意要我走人。他对我说："你这样慢吞吞的，哪像是在球场混了20多年的球员。杰克，当你离开球队之后，无论你到哪里、做任何事，若不提起精神来，你将永远不会有出路。"

本来我的月薪是175美元，离开之后，我参加了亚特兰大球队，月薪减为25美元，薪水这么少，我做事当然没有热情，但我决心努力试一试。待了大约10天后，一位名叫丁尼·密亭的老队员把我介绍到了罗杰斯曼顿镇。在那的第一天，我下决心成为德克萨斯最具热情的球员。我每次一上场，就好像全身带电一样。我强力地击出高球，使接球手的双手都麻木了。

记得有一次，我以强烈的气势冲入三垒，那位三垒手吓呆了，球漏接了，于是我击垒成功了。当时气温高达华氏100度，我在球场上跑来跑去，极有可能中暑而倒下去。热情所带来的结果让我吃惊，我的球技出乎意料的好。同时，由于我的热情，其他的队员也跟着兴奋起来。另外，我没有中暑，在比赛中和比赛后，我感到自己从来没有如此健康过。

第二天早晨我读报的时候异常兴奋。《德克萨斯时报》说：“那位新加入的球员，无疑是一个霹雳球手，全队的其他人受到他的影响，都充满了活力，他们不但赢了，而且是本赛季最精彩的一场比赛。”

由于对工作和事业的热情，我的月薪由25美元提高到185美元，多了7倍。在后来的两年里，我一直担任三垒手，薪水加到当初的30倍之多。为什么呢？没有别的原因，就是因为一股热情！

“热情的态度是做任何事的必要条件。任何学员，只要具备了这个条件，都能获得成功。”西点军校赛尔西奥·齐曼将军道出了西点军校成功的奥秘。

每个人都想获得成功，但是成功的因素有很多，选择什么样的态度是最核心的因素。不同的态度，产生的人生体验和结果是截然不同的，因为心态可以影响我们的认知方法。积极的心态可以帮助我们战胜自卑和恐惧，可以帮助我们克服惰性，可以帮助我们挖掘自身潜能，提高工作质量和效率。那些自信乐观、积极向上的西点学员，无论做任何事情，都干劲十足，那给自己创造的机会也就更多。

有时，一个人对待工作的态度比工作本身更重要。如果一个员工对工作没有热情，总是抱怨工作任务太多，或者自己的工作总是在上级的督促下完成，那么在任务的完成过程中也将是无比煎熬的。你和工作之间的关系就像一面镜子。你如何对待工作，工作就如何对待你。你乐观地对待工作，工作就会让你快乐；你忠诚地对待工作，工作就会对你忠诚；你对工作付出越多，工作回报你也越多。

积极的心态使你离成功不远

生活中，心态往往左右着你的情绪，干扰着你的行为，甚至改变你前进的方向。很多时候，心中的失落和快乐，并不是由周围的客观环境造成的，而是取决于你自己的心态。

在你怒火攻心之时，往往做出冲动的决定，让身边的合作者渐渐远离；消沉苦闷之时，放任自己的不作为，让宝贵的机会白白从眼前飘过。如果一个人能够培养积极的心态，不管周围的环境如何，都能让自己坦然承受，以健康向上、积极进取的态度应对，那么成功也会在不远处向你招手了。

清早，何谐刚刚进入工作状态，就听到坐在对面的王民气呼呼地说：“迟到两分钟就要扣钱，真不是人过的日子。扣吧，真没劲，早想跳槽了。”王民的消极情绪把何谐从工作状态中拽了出来。

何谐抬头看看表，9点过5分，看来王民又迟到了。王民是一个喜欢把个人情绪当众展示的人，所以办公室里经常会听到他的牢骚声，言语里总是充满了挑剔，何谐感到自己时常会受他情绪的影响。

刚进公司的时候，何谐虽然没有踌躇满志准备大干一场的劲头和激情，但对工作还是有所憧憬的，希望通过自己的努力得到上司的赏识。王民在公司已经4年多了，算是老员工，何谐有什么问题自己无法解决，就会虚心地向他请教，每次王民都懒洋洋地说："这有什么意思？想那么多干吗？说实话，我来的时候和你一样，结果呢？还不是这样？"也许王民的话是无意的，但是已经大大削弱了何谐的冲劲与热情。

有时候，何谐也会与他争辩说："只要努力，就一定会有机会。"王民会不屑地说："算了吧，收起你的那点梦想吧，这个社会只有天才和有关系的人才有未来。你没看咱们公司那个小赵，比我还晚来一年呢，人家现在是部门经理，听说他是老板的远房侄子。还有那个来了半年就被提升的小李，听说是老板朋友的儿子……"

听了王民的话，何谐就会怀疑自己和老板没有任何"瓜葛"，努力会不会有用？有时候，刚刚说服自己要努力，不要受别人消极心态的影响，王民又会悄悄对他说："我最近看好了一家公司，人家在市中心办公，办公室装得那叫气派，听说公司有500多人，哪里像咱们这里办公室不像办公室，上上下下加起来还不到……"

何谐坚持着自己最初的信念，直到后来也慢慢动摇了，他也渐渐觉得现在的工作没有前途，缺乏发展空间，那些自己订的短期计划、中远期计划，而今早已束之高阁。他想：即便努力了，说不定将来也是和王民一样的命运……

很多在职场上升迁，或是工作较有成就的人，绝大部分都是有积极态度的人。这种乐观心态不仅包括能很好地控制自己的不良情绪，还包括对别人负面情绪的免疫能力。

但是，我们的心情总是很容易受到他人的影响，究竟应该怎样提高自己对外来负面情绪的“免疫力”呢？

（1）如果可以，请尽量远离消极的人。

如果一个人见了你，不是抱怨老板刻薄，就是埋怨天气不好，或者哀叹自己最近的运气多么差，那么请你尽量远离这样的朋友，就算你对坏情绪的免疫力再强，也不能保证长期与其在一起不受一点影响。当然，他也许是无意的，但是还是让你想到了自己的老板的种种缺点，觉得阳光也不那么明媚了，也想到了最近遇到的几件倒霉事……

（2）凡事要有主见，专注于自己的心情。

没有主见的人，很容易受他人情绪的感染。当与你在一起的人比较消极的时候，你可以安慰他，尽量向他传递你的正面情绪，而不是被他拉入消极的旋涡。你也可以把他当作“病人”，不要在意他就是了。

（3）寻找传递给你消极情绪的人的优点。

当你不得不与一个消极的人在一起，比如他是和你一个办公室工作的同事，每天至少有8个小时与他在一起，那逃避就不是办法。若是你表现出厌恶的情绪，则会加重你的坏心情。这时不如换个角度去看问题，看看他身上的优点，想想他除了爱发牢骚外，其实也有可爱的一面，如此转移注意力，然后你就会发现自己的心情也会好一点。

（4）玩得开心点。

看你最喜欢的录像带。大笑和疾跑一样有鼓舞士气的功效：放松你

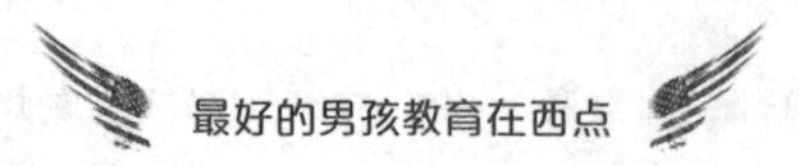

的肌肉，并使身体释放压力，使你感觉好起来。另外，少担心一些事，到户外活动，享受你的自由时间。这样你就不会那么抑郁，也有利于提高你的整体健康水平。

（5）不要追求完美。

接受那些你不能改变的事情。比如，你的身高、你的肤色、你没有赢得博彩的事实等。坦然接受会使你情绪好一些，并且使你对将来抱有积极的态度。现实生活中是不可能有完美的，因此尝试达到不可能的高度其实是在浪费时间。相反，定制比较实际的目标会使你的生活变得轻松快乐些。

（6）让过去的就过去吧。

过去的事改变不了，就不如让这些不快过去，包括错误、你干过的傻事、你与朋友之间的小摩擦等。吸取教训并且勇往直前，而不是一味纠结这些事情。

学会将烦恼写在沙滩上

人都是感性的动物，世界上没有人能够随时保持理性，谁遇到烦恼事情的时候都会心烦意乱，郁闷叹气，其实这样是不利于解决问题的。

当我们遇到麻烦时，应该如何去做呢？我们需要的是把我们的烦恼给发泄出去。

有一个中年人，年轻时追求的理想都一一变成了现实，但是仍然觉得内心空虚寂寞，经常会感到彷徨而无奈，而且这种情况日渐严重，到后来不得不去看医生。

医生听完了他的陈诉，非常从容地开了四帖药放在药袋里，然后很认真地对他说："你明天九点钟以前独自到海边去，不要带报纸杂志，不要听广播，到了海边，分别在九点、十二点、下午三点和五点，依序各服用一帖药，你的病就可以治愈了。"

那位中年人半信半疑，但第二天还是依照医生的嘱咐来到海边。在清晨，他看到广阔的海，心情不由主地好起来。九点整，他打开第一帖药服用，里面没有药，只写了两个字"谛听"。他真的坐下来细听风的声音、海浪的声音，甚至听到自己心跳的节拍与大自然的节奏合在一起。他已经很多年没有如此安静地坐下来接近自然，因此一下子便感觉到身心都得到了清洗。

到了中午，他打开第二个处方，上面写着"回忆"两字。他开始从谛听外界的声音转回来，回想自己童年到少年的快乐时光，想到青年时期创业的艰难，想到父母的慈爱，兄弟姐妹的情谊，生命的力量与热情重新在他的内心燃烧起来。

下午三点，他打开第三帖药，上面写着"检讨你的动机"。他想起早年创业的时候，是为了服务人们热诚地工作，等到事业有成了，却只顾拼命挣钱，早已失去了经营事业的喜悦，为了自身利益，忽略了对朋友家人的关怀，想到这里，他已深有所悟。

到了黄昏的时候，他打开最后的处方，上面写着“把烦恼写在沙滩上”。他走到离海最近的沙滩，写下自己的烦恼。一波海浪，立即淹没了他的字，此时沙上一片平坦。

记得很久以前有一个寓言，说人要把快乐的事刻在石头上，把不快乐的事情写在沙子上，那么快乐可以永远流传，而不快乐则会随风而散。其实，把烦恼写在沙滩上只是一种发泄方法，你还有很多方法可以排遣烦恼。不管我们用什么方法，都只求达到一个目的，就是要把我们的烦恼抛到脑后去，去掉心中的郁闷，化解不良情绪，这样生活才会幸福美满。

曾经有一位心理学家在一艘船上做了一个改造心理的试验。他看到在船上待久了的人都很郁郁寡欢，于是他建议让一些总感觉心浮气躁的人到船尾去，面对船后波涛滚滚的海水，自己把心中一切的烦恼都抛到海中，直到自己觉得心里舒畅了为止。

后来，那些心浮气躁的试验人员最后都告诉这个心理学家，在吐出自己烦恼的一瞬间，好像真的就有一件物体掉进了海水中一样，自己的心情真的得到了一次前所未有的清洗，心中的烦恼似乎也在那一刻消失怠尽了，顿时心里明朗很多，不再觉得那些烦恼有什么了不起了。

其实烦恼并不是可见的物体，并不能真正地丢进海里面去。只是聪明的心理学家找了一个合适的方式，一种可以发泄的方法，让这些心浮气躁的人发泄出自己的郁闷。发泄完了，就好像把烦恼丢弃了，心情自然变得轻松，烦恼也就随之消失了。

烦恼是伤害我们心灵的毒药，有了烦恼人的心情自然不会好。有研究表明，当人心情不好的时候，身体的免疫力会明显下降，反应能力会降低，做事情的效率也会下降很多。因此要经常洗涤一下我们心灵的尘埃，免得被烦恼侵害。

每隔一段时间，我们都应该给自己一个宁静的自由空间，让自己在毫无压力的情况下尽情舒展。生活中那些原本的包袱和重力都会在舒展中抖落一地，余下的皆为美好和轻松。不管这些不良情绪是怎么产生的，不管它的起点在哪里，我们都必须给它一个合适的终点。

第 2 课

挫折课——以微笑直面惨淡的人生命运

正视自己，而不是选择退缩

在我们周围总有一些人表现得很自卑。其实，这完全是没有必要的。每个人都会有自己的不足和短板，一个成熟的人应该能直面自己的缺陷，而不是选择退缩或者自暴自弃。

有一个小男孩，第一次在课堂上朗读课文的时候就受到了同学们的嘲笑。刚开始读的时候还好，只是偶尔有一些不连贯，可在同学们的哄笑声中他变得慌张极了，读起来越发结结巴巴。起初同学们忍着，窃笑着，后来简直就变成了哄堂大笑，要不是老师制止，小男孩真不知道应该怎样把剩下的课文读完。

从此小男孩患上了阅读障碍症，开始害怕在课堂上朗读课文，害怕在公共场合大声讲话，变得沉默起来。可是，这一切并没有阻止他继续刻苦学习。面对同伴们的嘲笑，他更加勤奋，每做一件事情都付出双倍的努力，他发誓要消除他与别人之间的差距。可怕的障碍症没有击倒他，反而磨炼了他的意志，让他养成了努力刻苦的好习惯。当他以第二名的优异成绩考上一所重点中学的时候，他已经渐渐走出了阴影。

高中毕业后，他进入杜克大学学习，后来又转到西弗吉尼亚大学就读法律专业，在那里，他很喜欢打篮球，从这项运动中他体会到了团队精神的重要性。1991年他正式加入思科，1995年他接任了思科总裁，使思科一跃成为世界最大的网络设备制造商。

他就是美国思科系统公司总裁约翰·钱伯斯先生。如今，钱伯斯会在任何可能有机会的场合宣传思科的业务，每逢有他的演说和座谈，总是场场爆满，掌声阵阵。但是，又有谁能想到这是一个曾经患有阅读障碍症和公共场合讲话恐惧症的人呢?

缺陷固然令人遗憾，但并不致命。只要能战胜精神上的“缺陷”，你的不足反而会成为一种动力，一种激励，甚至是一种优势。有人说，世界上每个人都是被上帝咬过一口的苹果，都是有缺陷的人。有的人缺陷比较大，那是因为上帝特别喜爱他的芬芳。看看今天的钱伯斯，谁又能说缺陷不是一种恩惠呢?

曾长期担任菲律宾外长的罗慕洛穿上鞋时身高只有1.63米。原先，他经常为自己的身高而自惭形秽。年轻时也穿过增高鞋，但这种方法终令他不舒服，精神上的不舒服，于是便把它扔了。

后来的日子里，他的许多成就都与他的“矮”有关，换句话说，矮倒促成了他的成功。以至于他说出这样的话：“但愿我生生世世都做矮子。”

1935年，大多数的美国人尚不知道罗慕洛这个人。他应邀到圣母大学接受荣誉学位，并且发表演讲。那天，高大的罗斯福总统也来此发表演讲。事后，罗斯福总统笑吟吟地怪罗慕洛“抢了美国总统的风头”。

更值得回味的是1945年，联合国创立会议在旧金山举行。罗慕洛以无足轻重的菲律宾代表团团长身份应邀发表演说。讲台差不多和他一般高。等大家静下来，罗慕洛非常庄严地说："我们就把这个会场当作最后的战场吧。"这时，全场登时寂然，接着爆发出一阵掌声。最后，他以"维护尊严、言辞和思想比枪炮更有力量……唯一牢不可破的防线是互助互谅的防线"结束演讲时，全场响起了热烈的掌声。后来，他分析道：如果大个子说这番话，听众可能客客气气地鼓一下掌，但菲律宾那时离独立还有一年，自己又是矮子，由他来说，就有意想不到的效果。从那天起，小小的菲律宾在联合国中就被各国当作资格十足的国家了。

由这件事，罗慕洛认为矮子比高个子有着天生的优势。矮子起初总被人轻视，后来有了表现，别人就觉得出乎意料，不由得佩服起来。在人们的心目中，有成就就格外出色，以致平常的事一经他手，就似乎成了破石惊天之举。

成就罗慕洛的是什么呢？不是他的优势，而是他的缺陷。正视自己的缺陷，促使他一步步走向成功，让他变得坚强无比。

当今世界不知有多少人的成功，都受赐于他们的种种不足的刺激。这种刺激，使得他们发挥出潜在能力，其实有些时候，有点不足和遗憾也未尝是一件坏事。

只要你愿意，你就会获得快乐

曾经有人说：人是为了快乐才来到世间的。

西点学子认为，“4/5的人无法享受他们应有的快乐。不快乐是最常见的心态。”快乐是可以制造的，任何渴望快乐决心要得到快乐的人，都可以运用正确的方法达成这一心愿。

我在火车上遇到一对夫妻，他们坐在我的对面。那位太太穿戴不菲，从她身上的貂皮大衣和金银首饰就可以看出这一点。但她却极不愉快。她大声地抱怨车厢太脏、服务恶劣、食物令人难以下咽。总之这一切都令她牢骚满腹、心烦意乱。

她的丈夫反倒是个和蔼可亲、易于相处的人，他显然有包容这一切的海量。看得出他被妻子的挑剔态度弄得有点儿尴尬，也有些失望，因为他是为了让她开心才带她出来游玩的。

为了转移话题，他与我交谈起来。

“我是个律师。”他笑着说，“我妻子干的是制造业。”

这令我很惊奇，因为她看上去不像是搞企业或经营的。

于是我问：“制造什么呢？”

“不快乐。”他回答说，“她为自己制造不快乐。”

一般人的不快乐，很大比例上是自己造成的。因为我们经常这样想：凡事都不会有好结果，别人得了他们不该得的，我们没有得到我们应得的等。生活本身产生的很多问题已经冲淡了我们的快乐，如果再去从自己的头脑中提取不快乐，那的确愚蠢之极。

换一种角度想，我们为什么不争取每天多快乐一点呢？

林肯说：“人只要心里决定要快乐，大多数都能如愿以偿。”快乐纯粹是发自内心的，它的产生不是由于事物，而是由于个人的观念、思想和态度，它完全取决于人们自己的决定，快乐是一种习惯，是可以培养的。

如果你现在还不是一个快乐的人，那么从现在起为自己制造一段“寻欢”之旅吧！

（1）给朋友寄张明信片

挑选一些漂亮别致的明信片，在上面写上你的祝福和心愿，如“永远都想念你”“你一定会幸福的”“想起我们曾经在一起的日子”等，然后寄给你的朋友。想想朋友们收到卡片时惊喜的表情，你也会感到心情愉快的。

（2）看一场充满欢乐的电影

当你看到搞笑的情节时，总是情不自禁地笑出声来，坏心情也会一扫而光。多笑一笑，还有什么困难不能熬过去呢！

（3）吃吃美食，喝喝咖啡

挑一家你数次匆匆经过却无暇进入的餐馆，选一个靠窗的位置，坐下来点一杯香浓的咖啡，享受一下美味可口的食物，抛开所有的工作和琐事，让自己沉浸在舒缓的音乐中……在不知不觉中，你会受到气氛的影响，得到真实的放松和享受，心情也会洋溢起来。

（4）在镜头中留下自己的每一刻

在空闲的时候，用相机拍下一些身边的人和事，比如窗外的树木、路边的小花、邻居家的孩子和朋友的婚礼，然后将这些随时可能被遗忘的片段记录起来。当你不定期翻看照片时，你会觉得所有的细节都是一种美好的回忆。有时，回忆过去的快乐时光也是一种找寻快乐的方式。

快乐源于对生活的热爱，源于对现在的珍惜。当我们内心有着快乐的欲望，并有意地做一些快乐的举动时，我们的心情便会在不自觉中快乐起来。快乐，就是这样被培养出来的。

这世上没有绝对快乐的人，只有不肯快乐的心。只要你愿意，你就可以快乐。

面对人生困境，应该以微笑来迎接

西点学子认为，乐观会给生命注入一份活力与生气，使人从痛苦、贫困、难堪的处境中超脱出来，乐观是生命保鲜的最佳良药。面对人生的困境，西点学子们都能够以微笑迎接悲惨的人生命运，都能够从容地应对突发事故。

其实，一个人即使面对困难，也能生活得很快乐。有人曾经问过一个饱受磨难的人是否总是感到很痛苦和悲伤，那人答道："不是的，生活倒是很快乐的，甚至今天我还因回忆它而快乐。"

这是为什么呢？因为他从心理上战胜了磨难，他从磨难中得到了生活的启示，因而感到快乐。

一次到美国观光，导游说西雅图有个很特殊的鱼市场，在那里买鱼是一种享受。大家听了很好奇，都想去看看。

那天天气不是很好，但市场并非鱼腥味刺鼻。鱼贩们笑声不断，他们像合作无间的棒球队员，让冰冻的鱼像棒球一样在空中飞来飞去，并相互唱和："啊，5条蜡鱼飞到明尼苏达去了。""8只螃蟹飞到堪萨斯。"这是多么和谐的生活啊！

我问当地的一个鱼贩："你们在这种坏境下工作，为什么还能保持微笑呢？"

他说："事实上，几年前的这个鱼市场本来也是一个没有生气的地方，大家整天抱怨。后来，大家认为与其每天抱怨沉重的工作，不如改变工作的品质。于是，他们不再抱怨生活，而是把卖鱼当成一种艺术。从此，一个创意接着一个创意，一串笑声接着一串笑声，他们成为鱼市场中的一个特色。实际上，并不是生活亏待了我们，而是我们期求太高以至忽略了生活本身。

鱼贩们练久了，人人身手不凡，可以和马戏团演员相媲美。这种工作的气氛还影响了附近的上班族，他们常到这儿来和鱼贩聊天，来排解工作上的不顺心。有时候，鱼贩们还会邀请顾客参加接鱼游戏。即使怕鱼腥味的人也很乐意在热情的掌声中一试再试，意犹未尽。每个愁眉不展的人进了这个鱼市场，都会笑着离开，手中还会提满了情不自禁买下的鱼。

鱼贩们身处不好的环境、担负沉重的工作，但是他们并没有消沉，而是微笑着面对生活的考验。他们乐观开朗，始终把吃苦当作一种快乐。这样的积极心态使得他们在困境中能够体味到生活的真谛，更加从容地面对生活里的任何风雨。

马克·吐温是著名的幽默作家，然而他自身的经历却带有强烈的悲剧色彩。

他从小就经历了人世的辛酸。他的两个哥哥和一个姐姐在他年轻时相继死去，后来他的四个孩子也一个个先他而去。但是，他一直都相信，如果以微笑来迎接人生的悲惨命运，那么自己一定能够得到很多乐趣。

他是这样来表达自己的看法的：“在生活的舞台上，学着像个演员那样感受痛苦，此外，也学着像个旁观者那样对你的痛苦发出微笑。”

人生不可能是一帆风顺的，每个人都会遇到这样那样的挫折与不幸。悲观的人在逆境里沉沦下去，但是乐观的人却能够以笑脸迎接困境。笑笑吧，不想什么目的，让自己快乐这才有意义。

坚持下去，最好的一定会到来

西点军校前校长克里斯曼中将曾说：“信心和毅力比西点军校的毕业证书更重要。”西点军人在遭遇不顺时，一直坚信“最好的总会到来”。

里根之所以成为西点学员的楷模，并不仅仅是因为他最终成为了美国总统，而是他在此之前就拥有了值得很多人学习的精神品质。

里根生在一个普通家庭，全家四口人靠父亲一人当售货员的工资维持生活，因而当里根逐渐长大后，不可避免地时常面临家庭经济危机。

里根上小学时，父亲被解雇，全家人几乎到了山穷水尽的地步。里根和哥哥帮着母亲在大学足球场卖爆米花，他们一边卖爆米花，一边看球。这兄弟俩知道家里艰难，从不向父母要这要那，身上平时穿的都是母亲亲自缝制的。到了上中学的时候，里根的学费成了问题。为了继续上学，13岁的里根每个周末都去附近的建筑工地当临时工，搬砖、推土、运水泥。10小时才挣35美分。他饿了啃面包，渴了喝自来水。别的同学在看电影、旅游，而他却在工地上流汗。此外他还在学校食堂里刷碗、洗盘子、扫地。在中学和大学期间，他完全是靠半工半读走过来的。

生活的艰辛磨炼了里根的意志，培养了他的信心，也使他产生了出人头地的强烈愿望。

1932年，里根大学毕业后，决定试着在电台找份工作，然后再设法去做一名体育播音员。里根搭便车去了芝加哥，敲每一家电台的门，但每次都碰一鼻子灰。播音室里的一位很和气的女士告诉他："大电台一般不会冒险雇佣一名毫无经验的新手。试试找家小电台，那里可能会有机会。"里根又搭便车回到了伊利诺斯州的迪克逊。虽然迪克逊没有电台，但里根的父亲说，蒙哥马利·沃德公司开了一家商店，需要一名当地的运动员去经营它的体育专柜。

由于里根在迪克逊中学打过橄榄球，于是他提出了申请。那工作听起来正适合自己，但他没能如愿。

"最好的总会到来。"母亲提醒里根说。父亲借车给他，于是他驾车行驶了70英里来到了特莱城。

里根来到爱荷华州达文波特的WOC电台。节目部主任是位很不错的苏格兰人，名叫彼特·麦克阿瑟，他告诉里根说他们已经雇佣了一名播音员。当里根离开他的办公室时，受挫的郁闷心情一下子发作了。他大声地问道："要是不能在电台工作，又怎么能当上一名体育播音员呢？"

里根正在那里等电梯，突然听到了麦克阿瑟的叫声："你刚才说体育什么来着？你懂橄榄球吗？"接着他让里根站在一架麦克风前，凭想象播报一场比赛。

由于出色表现，里根被录用了。

在回家的路上，里根想到了母亲的话："如果你坚持下去，总有一天你会交上好运。"

这次求职成了里根人生旅途的新起点。它使里根懂得人要有信心，要懂得坚持，要勇敢走出去敲那一扇扇机会之门。

别把失败太当回事儿，失败只是暂时的

失败是在实现自己目标的过程中，由于行动上受到阻碍而产生的一种悲观情绪。在现代社会，越来越大的竞争压力使我们的情绪处于不稳定的状态。这种竞争的残酷性也在一点一点地剥蚀着我们的自信。

在这个纷繁复杂的世界上，"优胜劣汰"的规则在各行各业都体现得淋漓尽致，特别是在大城市，任何人都不敢有丝毫松懈。当失败真正

来临时，有的人表现出超强的冷静与自信，有的人表现出对失败的忧虑与恐惧。后者把失败看成了固有的发展态势，因而会阻碍他日后前进的脚步，而前者则把失败看成是暂时的困境，并且相信只要努力便能够战胜挫折，走向成功。

在西点军校，老师经常用这样的故事鼓励自己的学生：

他从小就有一个梦想，希望成为一名杰出的赛车手。

他在军队服役的时候开卡车。退役之后，他选择到一家农场里开车。工作之余，他一直坚持参加一支业余赛车队的技能训练。只要有机会遇到车赛，他都会想尽一切办法参加，虽然从未取得过好名次。

一次，他参加了威斯康星州的车赛。当赛程进行到一半左右，他排名第三，有望获得好名次。正在这时却发生了意料不到的事情，他前面的两辆赛车相撞，发生了事故。他也终究未能躲避而卷进了这场事故中，他的赛车撞到赛道旁的墙壁后起火。当他被救出来时，体表烧伤面积约达40%。做了7个小时的手术，他才从死神的手中挣脱出来，但他的手已经萎缩得不成样子。

经过一系列植皮手术后，他回到了农场，换用开推土机的办法继续练习赛车，并且使自己的手掌重新磨出老茧。

9个月之后，他又重返了赛场！还参加了一场公益性的车赛，但由于身体原因，他依旧没有获胜。

后来的一场比赛由于他的车在中途意外地熄了火，同样没能取得比赛的胜利。

在随后一次全程200英里的汽车比赛中，他取得了一个第二名的成绩。

又过了两个月，仍是在上次发生事故的那个赛场上，他满怀信心地驾车驶入赛场。经过一番激烈的角逐，他最终赢得了250英里比赛的冠军。

他，就是美国颇具传奇色彩的伟大赛车手——吉米·哈里波斯。当记者问他面对这次的获胜作何感想时，吉米手中拿着一张此次比赛的招贴图片，上面是一辆赛车迎着朝阳飞驰。他微笑着用黑色的水笔在图片背后写了一句凝重的话：把失败写在背面，我相信自己一定能成功！

是啊！如吉米·哈里波斯所说：只要我们足够相信自己，一切失败都只是暂时的。

约翰逊14岁时来到美国，因为他从7岁起就跟着师傅学裁缝，所以到了美国之后，很快他就在一家裁缝店中找到了工作。

18岁时，约翰逊决定要成立一家属于自己的店。

于是，他和其他合伙人共同买下了一间礼服店，他更是非常大胆地把所有的积蓄都投资在这里。但是，接下来发生的许多事情，却不断地考验着约翰逊开店的决心。

先是在即将开业的前一天晚上被小偷偷走了将近8万美元的存货；接下来他再度进的货又在一场意外大火中付之一炬。

后来，他才发现保险经纪人欺骗了他，根本没有把他支付的保险费支票交给保险公司，所以这场火灾等于没有保险。

更惨的是，可以证明公司存货内容和价值的一位重要证人却不巧在这个时候去世了。

接二连三的打击让约翰逊实在无法忍受，他决定到别的裁缝店工作。但是，过了没多久，他渴望拥有自己事业的欲望又开始蠢蠢欲动起来。

于是，他再次鼓起勇气，开了一家裁缝兼礼服出租店。这一次，他决定多采纳别人的意见，但在大方向上他依然坚持自己做决定。

他始终相信：假如自己因此跌倒了，那是他让自己跌倒的，但是倘若他站起来了，那也是他靠自己的力量站起来的。

不久之后，他的“法兰克礼服出租店”终于成为底特律的知名店铺。

遇到困难的时候，我们常常习惯于抱怨别人、抱怨命运的无情，孰不知，命运对每个人都是非常公平的。也许，你会情不自禁地问：为什么这个世界上会有失败者与成功者之分呢？那是因为他们对待困难的态度决定了自己的人生命运。

当你感到自己的人生非常失败时，千万不要怨天尤人，你应该凭借自己的力量站起来，因为失败没有什么大不了的，幸福美好的愿望是要靠我们自己竭尽全力去实现的。如果你不敢直面人生的苦难，选择逃避，躲在空想的殿堂里不肯出来的话，那么属于你的恐怕就只有悲哀了。

爱默生先生是西点人学习的榜样，他曾经说过：“伟大的人物最明显的标志，就是他拥有常人没有的坚强品质。不管外部环境坏到何种程度，他的希望仍然不会有丝毫的改变，而是会最终克服障碍，达到所企望的目的。”所以，跌倒了再爬起来，就不算失败。

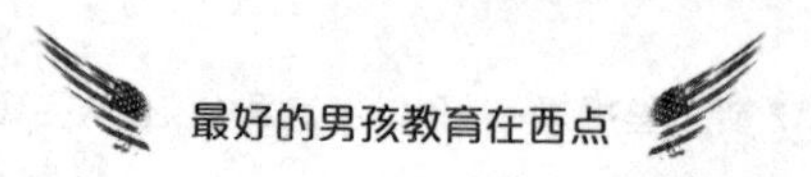

有理想的西点人普遍认为，失败是每个人都会遇到的。失败本身并不可怕，可怕的是我们面对失败所表现出来的消极态度，它对我们的人生是有百害而无一利。倘若你想摘取成功的桂冠，那么首先必须战胜自己的懦弱心理，告诉自己：失败只是暂时的，成功得靠我们自己去奋斗、去争取！

不放弃，是因为心中有梦

每个人都有自己的梦想，只是有的人在挫折来临时放弃了自己美丽的梦，有的人却永远将梦想装进自己的心里，并且为之不懈地努力。

很多西点人都听说过英国一位盲人内阁大臣布伦克特的故事，并且以他为榜样时时督促自己一定要坚守自己心中的梦想。

老教师布罗迪随手翻了几本陈旧的作文本，很快便被孩子们千奇百怪的自我设计迷住了。比如，有个叫彼得的小家伙说自己一定会是未来的海军大臣，因为有一次他在海里游泳，喝了三升海水都没被淹死；还有一个说，自己将来一定会成为法国总统，因为他能背出25个法国城市的名字；最让人称奇的是一个叫戴维的盲童，他认为，将来自己肯定会成为英国内阁大臣，因为英国至今还没有一个盲人进入内阁。总之，31个孩子都在作文中描绘了自己的未来。

布罗迪读着这些作文，突然有一种冲动：为什么不把这些作文本重新发到他们手中，让他们看看现在的自己是否实现了50年前的梦想？

一年后，布罗迪手里只剩下了戴维的作文本。他想，这人也许死了，毕竟50年了，50年间是什么事都可能发生的。

就在布罗迪准备把这本子送给一家私人收藏馆时，他收到了英国内阁教育大臣布伦克特的一封信。信中说："那个叫戴维的人就是我，感谢您还为我保存着儿时的作文本。不过我已不需要那本子了，因为从那时起，我的梦想就一直存在我脑子里，从未放弃过。50年过去了，我已经实现了自己的梦想。今天，我想通过这封信告诉其他30位同学：只要不让年轻时美丽的梦随岁月飘逝，总有一天它会出现在你眼前。"

布伦克特的这封信后来被发表在《太阳报》上。他作为英国第一位盲人大臣，用自己的行动证明了：谁能把三岁时想当总统的梦想执着地努力奋斗50年，那他现在一定已经是总统了。

还有这样一个真实的故事：

黑人青年克里斯·加纳是一名海军退伍兵，拥有一个三口之家，生活在社会最底层。为了养家糊口，克里斯做了一名骨质密度检测仪的推销员。他走街串巷、四处奔波，却一无所获。妻子琳达终究无法忍受生活的压力，离开了克里斯去投奔纽约的弟弟，只留下他和5岁的儿子相依为命。克里斯的银行帐户里只剩下了21块钱，还成为了单亲爸爸。因为没钱付房租，他和儿子被撵了出来。

后来，他在报名参加股票投资公司经纪人面试的前一天晚上被警方扣留了。第二天一早，没来得及换一身干净衣服的克里斯飞奔到面试现场，如实地说明了自己的境遇。克里斯的真诚打动了面试评委，才有幸成为实习员。半年的实习期没有薪水，20名入围者只有一人最终胜出。克里斯明白，这是自己最后的机会，是通往幸福生活的唯一路途。一文不名、无家可归，克里斯唯一拥有的就是懂事的儿子无条件的信任和爱。这期间，他们夜晚睡在收容所、地铁站、洗手间，一切可以暂且栖身的空地；白天没钱吃饭，就到救济站排队领救济，勉强果腹。

在最困难的时候，克里斯终于卖出了一台机器，得到了250美元渡过了难关。生活的穷困曾经也让雄心勃勃的克里斯沮丧无比。但为了儿子的未来，为了自己的信仰，克里斯咬紧牙关，始终坚信：只要今天够努力，幸福的明天就会来临！皇天不负苦心人，克里斯终于成为一名成功的投资专家。后来，还开办了自己的投资公司。

克里斯对儿子说的一句话非常深刻——“你有梦想吗？有就一定要守住它。”

有人说：“内心存在着希望，生命就会充满活力。”生活中，遇到各种各样的挫折是在所难免的，有些时候挫折会把人搞得焦头烂额、狼狈不堪。但无论如何，我们都不要抱怨环境不佳，我们要振奋起精神，积极地跨步向前。

我们之所以不放弃，是因为心存梦想。只要坚守梦想，坚持走向梦想，幸福就会来敲门。其实，只要希望在你心中，机会就会悄然降临。

第 3 课

性格课——要有信心把握自己的未来

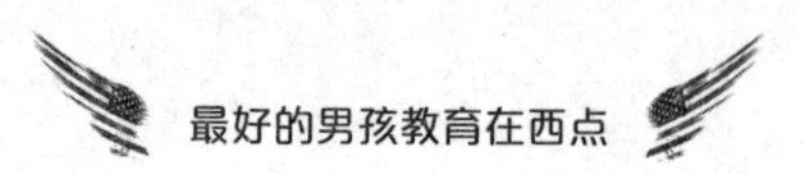

要有信心把握自己的未来

西点军校注重对学员心理素质的培养，自信坚强是所有学员努力的方向。从西点军校出来的人，在日后大多成为了社会上赫赫有名的人物。正是西点造就了他们这种优秀品质，才使得他们能够在自己的人生中大放异彩。

我们相信，自信的人才能让上司信任。他们永远充满朝气，工作起来劲头十足。我们经常听到有人这样说："对于工作我已经尽了力，我尝试了很多次，可就是不见成效。"缺乏自信的人一遇到困难就会知难而退，而不会去考虑是否有别的可行办法。这类人因害怕自己的见解被认为浅显无知，毫无新意，每次讨论问题，都默默地坐在角落里，任凭其他人争来论去。其实会上很多人的论点存在不足，按他们的办法去实施，不一定就行得通，但他们敢于表达自己的见解。不自信的人却三缄其口，害怕招来非议以及得罪意见不同的人。每当有人向他们征询意见时，他们总是唯唯诺诺，表示同意大家的看法。就这样主动放弃了表现自己的机会。

从西点军人身上，我们看到，要做到自信并不难，只要平时敢于肯定自己的优点，遇到困难或挫折时，以积极的心态尽快找出解决的办法，切忌自怨自艾。只有自己对自己充满信心，别人才能对你也充满信心。

安琪的自信给人留下了非常深刻的印象。由于看到房产销售的形势大好，她决定代理销售活动房屋。很多人都告诉她不要做这件事，说风险太大。当时她仅3万美元的积蓄，而别人告诉她最低的资本投资额是她积蓄的许多倍。“你看竞争多么激烈呀！”她的闺蜜这样忠告她，“此外，你在销售活动房屋方面又有多少实际经验？更别提业务管理了。”

然而，安琪对自己充满信心。她说：“我承认自己的确缺少资金、经验，竞争也非常激烈。但我收集的资料显示，流动房屋这个行业正在扩展，我也认真考虑了可能会遭遇的竞争环境。我相信我会很快地赶上别人的。”

于是，她毫不动摇地行动了。最后她那坚定不移的信心赢得了两位投资者的信任，还使她得到了意外的优惠——一家活动房屋制造商答应，在不需要现金的条件下，供应她一些很少量的存货。这一年，她卖出了超过100万美元的活动房屋。

安琪面对外界巨大的压力始终没有屈服，她相信自己的能力，相信自己能够赢得最后的胜利。事实上，她确实取得了巨大的成功。可以这样说，她的成功来源于自信，是自信成就了她。

有一个名叫艾伦的推销员，他胆小，身体差，个子又不高，没有一点儿优势，所以他的业绩并不是很理想。

有一次，公司经理要他去参加培训，不然就开除他。艾伦怀着沮丧的心情报名参加由梅里尔指导的培训班。一个月后，培训结束，梅里尔找到艾伦：“你知道吗？我观察了你一个月了，我从未见过这样浪费人才的。”艾伦很震惊，问为什么。梅里尔说：“你很有能力，但是你却把自己的位置定得太低。如果你投入工作，相信自己的能力，总有一天你会成功的，成为一个了不起的人。”

艾伦太惊讶了。从小到大，除了他母亲，从来就没有人这样鼓励过他，现在梅里尔的一席话深深地鼓舞了他的斗志。其实他并没有从培训中学到什么特殊技巧，只记住了老师的这番话。从此他变得真正自信起来，相信自己一定会成功。他经常用成功者的头脑思考，用成功者的心态面对生活。

两年后，他成了公司在全美最年轻的地区主管。

有人说：“一个人永远不会超过他追求的目标。同样，一个人也永远不会超过他对自己的评价。”

因此，无论何时，自信永远是成功的秘诀。不论才干大小，天资高低。如果相信自己能够胜任工作，就一定会离成功更近。反之，不相信能做成的事业，就决不会成功。

据说，即使是同一支军队，只要拿破仑亲率军队作战，战斗力便会增强一倍。因为军队的战斗力在很大程度上基于士兵对统帅的敬仰和信心。如果统帅抱着怀疑、犹豫的态度，全军便要混乱。拿破仑的自信与坚强，使他统率的每个士兵都充满了战斗力。

可见，与金钱、势力、出身、亲友相比，自信是更有力量的东西，是人们从事任何事业的可靠资本。自信能排除各种障碍、克服种种困难，能使事业获得成功。

有一些人本来可以做大事、立大业，但实际上却做着小事，过着平庸的生活，原因就在于他们自暴自弃，他们没有远大的理想，没有坚定的自信。

主动锻炼自己，培养果决的品格

“机不可失，失不再来”这是一个浅显而易懂的道理。生活中有很多人做事之前总是寻找保险、举棋不定、犹豫不决，在采取措施前一定要去和他人商量。这种犹豫不决的人往往错失宝贵的机会。

有些人犹豫不决甚至到了无可救药的程度，他们不敢决定任何事情，不敢担负起应负的责任。他们常常对自己的判断产生怀疑，不敢相信自己有能力解决重要的事情，所以这也使他们美好的想法毁于一旦。

有这样一个故事引起了很多西点军人的思考：

某地发生水灾，整个乡村都难逃厄运。村民纷纷逃生，一位虔诚的信徒爬到了屋顶，等待上帝的拯救。不久，大水浸过屋顶，刚好有一只木舟经过，舟上的人要带他逃生，这位信徒却胸有成竹地说：“不用啦，上帝会拯救我的！”木舟上的人没能说服信徒，无奈地离他而去。

片刻之间，河水已浸到他的膝盖。这时又有一艘汽艇经过，来拯救尚未逃生者。这位信徒依旧说："不必啦，上帝一定会救我的。"

汽艇只好到别的地方救其他的人。

几分钟后，洪水高涨，已到信徒的肩膀。这个时候，有架直升飞机放下软梯来拯救他。他死也不肯上飞机，他说："别担心我啦，上帝会救我的！"直升机只好离开了。最后，水继续高涨把信徒淹死了。

死后，他遇见了上帝。他大骂："平日我诚心向您祈祷，您却见死不救。算我瞎了眼啦！"

上帝听后叫了起来："你还要我怎样？我已经给你派去了两条船和一架飞机！"

机会只眷顾有准备的人，成功者善于抓住每次机会，充分施展才能，最终得到命运意外之外而又意料之中的垂青。

优柔寡断是成功的大敌，不要再犹豫，决不要等到明天，今天就应该开始。要主动锻炼自己，培养果决的品格。对于比较复杂的事情，在决断之前需要从各方面加以权衡和考虑，充分调动自己的知识与经验进行最后的判断。一旦打定主意，一旦决策，就要勇往直前。

一个人的成功与果断决策的能力有着密切的关系。如果没有果断决策的能力，那么我们的一生，就像深海中的一叶孤舟，永远漂流在狂风暴雨的汪洋大海里，永远达不到成功的目的地。

一位西点军校出身的业务员前去拜访一位房地产商人，想把《推销与商业管理》课程介绍给他。

这位业务员到达他的办公室时，发现房地产商人正在一架古老的打字机上打一封信。这位业务员自我介绍一番，然后介绍所推销的课程。那位房地产商人听得津津有味。听完之后，却迟迟不表示意见。

这位业务员非常直接地问道："你是否想参加这个课程？"这位房地产商人无精打采地回答说："唉呀，我自己也不知道是否想参加。"

他说的是实话，因为像他这样难以迅速作出决定的人有许多。

这位聪明的业务员这时候站起身来，准备离开。但接着他采用了一种多少有点刺激的谈话艺术。他的话让房地产商大吃一惊。

"我决定向你说一些你不喜欢听的话，但这些话可能对你很有帮助。先看看你工作的办公室，地板脏得吓人，墙壁上全是灰尘。你现在所使用的打字机看来好像是大洪水时代诺亚先生在方舟上用过的。你的衣服又脏又破，你脸上的胡子也未刮干净，你的眼光告诉我你已经被打败了。

"我想，在你家里，你太太和孩子也许穿得也不好，吃得也不好。你的太太一直忠实地跟着你，但你的成就并不如她当初所希望的那样。

"请记住，我现在并不是向一位准备进入我们学校的学生讲话，即使你用现金预缴学费，我也不会接受。因为，如果我接受了，你将不会拥有去完成它的进取心，而我们不希望我们的学生当中有人失败。

"现在，我告诉你你为何失败。那是因为优柔寡断的你没有作出一项决定的能力。你一直逃避责任，害怕作出决定，错过了一次又一次的机会，可是错过了今天，即使你想做什么，也无法办得到了。"

这位房地产商人呆坐在椅子上，下巴往后缩，他的眼睛因惊讶而膨胀，但他并不想对这些尖刻的"指控"进行申辩。这位业务员道声再见，走了出去，随后把房门轻轻关上。

但是，没过多久他又回来了，带着微笑在那位吃惊的房地产商人面前坐下来，又说：“我的批评也许伤害了你，但我倒是希望能够触怒你。现在让我以男人对男人的态度告诉你，我认为你很有智慧，而且我确信你有能力。请原谅我刚才所说过的那些话。你并不属于这个小镇。这个地方不适合从事房地产生意。我将介绍一个房地产商人和你认识，他可以给你一些赚大钱的机会，你愿意跟我来吗？”

听完这些话那位房地产商人竟然抱头哭起来。最后，他努力地站了起来，和这位业务员握手，感谢他的好意，并说他愿意接受劝告。他要了一张空白的报名表，答应参加《推销与商业管理》课程，并且预交了一期学费。

三年以后，这位房地产商人开了一家不错的公司，成为最成功的房地产商人之一。

商场上的幸运和倒霉往往与能否果断地抓住机会有关。人不能够因一味追求完美而犹豫，而且完美主义会让我们在做不到的时候感到自卑，从而放弃自己。因此我们一定要从根本上克服犹豫不决的弊病，培养出果决的品格。

时刻保持一颗进取心

进取心不仅是奋斗的动力，人生价值的自我体现，更是一种求知欲望，促使我们进一步获取新的知识，不断充实提高自己，更好地体现自我价值。这样的人不管有没有所谓的成功及地位，在人群中必将受到尊重。

进取心可让人感情丰富，使人视野更为开阔、心胸更为宽阔。人生伴侣如都有进取心，更能增进情感，消除因时间长枯躁单调的情景，不断更新生活的题材，有永远说不完的话题，保持良好的沟通，生活将更加丰富多彩。

从前，有一个年轻人整天在家，不知道自己应该干什么。他陷入了迷茫，觉得自己一生将在碌碌无为中度过。于是他去找一位算命先生，希望别人能为他指点迷津。

年轻人苦恼地对算命先生说："您看，我现在书也没有好好念，没有多少知识，找不到好工作。前两天，好不容易在工厂找了个活儿，可是我一不小心睡过了头，又被开除了。您看我年轻时遭遇了这么多的磨难，是不是到了中年会苦尽甘来呢？"

算命先生掐指一算，摇头说：“你到30岁还成不了什么大事业！”

年轻人大失所望，说道：“别人都说大人物是要经过一些磨难的，可我怎么还会一事无成呢！看来，我是命该如此啊！”

年轻人还是有些不甘心，又问道：“那我40岁呢？”

算命先生轻蔑地看了看年轻人，说：“你现在就这样了，到40岁的时候，你就已经习惯了！”

算命先生的最后一句话像警钟一样惊心动魄。当一个人习惯了平庸、甘于落后的时候，那将是一件多么可怕的事情！

年轻人为什么会这样呢？最直接的原因就是他缺乏进取心。

如果你念书的时候不思学习，工作的时候消极怠工，等到了30岁，有了精力却没有能力，好不容易有了能力又没有机会，等有机会了人也老了，到了40岁时，你就会对按部就班地生活和贫穷的日子习以为常，麻木地听从现实生活的驱赶。进取的意志慢慢被柴米油盐酱醋茶消磨得一干二净，追求的事业和前进的目标没有了，人就会像一部陈旧的机器一样锈迹斑斑，终其一生也一事无成。

拿破仑·希尔曾经聘用了一位年轻的小姐当助手来替他拆阅、分类以及回复他的大部分私人信件。当时，这位年轻的小姐的工作是听拿破仑·希尔口述，记录信的内容。她的薪水和其他从事相类似工作的人差不多。

有一天，拿破仑·希尔口述了下面这句格言，要求她用打字机把它打下来：“记住，你唯一的限制就是你自己脑海中所设立的那个限制。”

她把打好的纸张交还给拿破仑·希尔时，说：“你的格言使我受益匪浅，它对我产生了深远的价值。”

这件事并未在拿破仑·希尔脑中留下特别深刻的印象，但从那天起，她开始在用完晚餐后做一些不是她份内而且也没有报酬的工作。

她试着把写好的回信送到拿破仑·希尔的办公桌来。

她已经研究过拿破仑·希尔的风格，因此，这些信回复得跟拿破仑·希尔自己所能写的一样好，有时甚至更好。她一直保持这个习惯，直到拿破仑·希尔的私人秘书辞职为止。

当拿破仑·希尔开始找人来补这位男秘书的空缺时，他很自然地想到这位小姐。因为在拿破仑·希尔还未正式给她这项职位之前，她已经主动地接受了这项职位。她在下班之后，以及没有支领加班费的情况下，对自己加以训练，终于使自己有资格出任拿破仑·希尔属下人员中最好的一个职位。

这位年轻小姐的办事效率太高了，因此引起拿破仑的注意，开始提供很好的职位请她担任。拿破仑·希尔已经多次提高了她的薪水，现在她的薪水已经是刚开始时的4倍。对这件事拿破仑·希尔心甘情愿，因为她对拿破仑·希尔极有价值，拿破仑·希尔不能失去这位得力的帮手。

也许你不禁要问：是什么使这位年轻的小姐变得对他人如此重要呢？是强烈的进取心！正是这种进取心使年轻的小姐不断地提高自己的竞争力，最后变得不可替代。

西点学子认为，不管你目前是从事哪一种工作，每天你一定要给自己一点时间，使你能在平常的工作范围之外，从事一些对你所喜欢的有价值的事情。它是你练习和培养进取心的一种方式。你拥有这种进取精神，就有希望在未来成为一名杰出的人物。

他是世界音乐史上浪漫乐派早期最重要的拓荒者。但几乎没人知道，他所受的教育非常有限。除了一点点音乐天赋，他所有的音乐知识全靠自己夜以继日的摸索与努力。

早年，为谋求生计，减轻家庭负担，除了孜孜不倦地学习钢琴和小提琴外，他还刻苦练就了一副好嗓子，12岁时进入帝国宫廷唱诗学校，17岁时便在维也纳当上最年轻的音乐老师。

但命运跟他开了个残酷的玩笑，教师的工作突然间没了。之后的很长一段时间，他都靠朋友接济方可勉强度日。

如此艰难的情况下，对成功永远满怀希望的他将所有时间花在了创作歌曲上。

他，就是闻名世界、有“歌曲之王”美誉的舒伯特。

尽管，舒伯特在短暂的有生之年并未获得世人认可，但一直有着进取心的舒伯特用非凡的毅力为人类留下了800余首杰出动人的歌曲、9首交响曲、15首弦乐四重奏、20余首精彩的钢琴奏鸣曲，以及无数的合唱曲、室内乐曲、钢琴联弹曲和多首歌剧。

令世人印象最深的是，在一次朋友聚会上，有人好奇地问舒伯特：“你知道何时才能举办自己的专场演奏会吗？”

舒伯特微微一笑：“毫无疑问，我肯定无从知道，但我永远相信，成功仅有5米远！”

成功其实并不遥远，也许它离你仅仅只有5米远！对于那些梦想成功的人来说，无论是已经踏入多姿多彩的社会生活，还是即将站在人生的起跑线上，只要你时刻保持一颗进取的心，然后用百倍的努力向自己的目标奋力冲刺，那么，当明天的太阳冉冉升起时，你也许会发现，成功就在5米外微笑着向你招手呢！

只有勇于尝试，你才能迈出奇迹的第一步

生活中充满机会，然而只有那些敢于尝试的人，才能够抓住机会走向成功；社会中充满可能，然而只有敢于尝试的人才能利用可能成就自己的梦想；世界上满是奇迹，只有敢于尝试者才能向奇迹迈出第一步。

有位西点教授曾做过一个有趣的实验：他把几只蜜蜂放进一个平放的瓶子中，瓶底向着有光的一方，瓶口敞开。但是蜜蜂只向着有光的地方飞，不断撞在瓶壁上。最后它们不愿再费力气，停在光亮的一面，奄奄一息。教授于是倒出蜜蜂，又按原样放入几只苍蝇，不到几分钟，所有的苍蝇都飞出去了。苍蝇们并不朝一个固定的方向飞，它们多方尝试，虽免不了碰壁，但最终飞出去了。它们用自己的无数次尝试改变了像蜜蜂那样的命运。

其实，成功并没有什么秘诀，就是在行动中不断尝试，再尝试，直

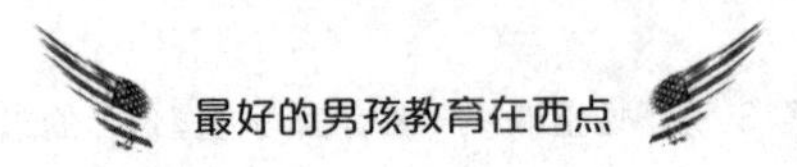

到成功。

好莱坞巨星史泰龙是勇于尝试的典范，他的故事激励了无数的西点学子。学子从他的身上获得英勇作战、永不向失败低头的力量。

史泰龙的父亲是一个赌徒，母亲是一个酒鬼。他高中辍学，在街上当混混。直到20岁时突然醒悟，经过一番深思熟虑后他决定去做演员，于是他来到好莱坞。他出生时由于使用产钳导致面部神经麻痹，眼角下垂，口齿不清，因此一次次被拒绝。但他并不气馁，一边在好莱坞打工，一边继续寻找做演员的机会。被拒绝后就认真反省、检讨、学习，然后再去尝试。

两年过去了，他遭受了1000多次的拒绝，他想了一个迂回前进的方法，先写剧本，剧本被导演看中以后，再要求当演员。一年后，剧本完成了，他又去拜访各位导演，还是被拒绝了。

在他遭到1300次的拒绝之后，一位导演被他的精神所感动，决定给他一次机会，把他的剧本改成电视剧先拍一集，看看效果。对于这个来之不易的机会，他倍加珍惜。这一集电视剧创下了当时全美最高的收视率，首映后票房不俗。

经过无数次失败的尝试，史泰龙成为世界上最成功的电影演员之一，在好莱坞大红大紫，绝对是最炙手可热的动作明星。到目前为止，史泰龙已拍摄了22部电影，其中包括许多在电影史上脍炙人口的商业巨片，创造了好莱坞新的神话。

史泰龙为什么会取得如此辉煌的成就呢？毫无疑问，这是他在经历

了无数次失败依然不屈不挠、敢于尝试的结果。可以这样说，是一次次勇敢的尝试改变了他的命运，是对成功的渴望与执着让他走向了胜利的顶峰。

许多人抱怨自己没有成功的机遇，感叹造化弄人。然而当机会降临的时候，他们却害怕困难，因为这样那样的原因，没有积极地去面对人生，勇敢地去挑战自我，与梦想擦肩而过。尝试是一种开始，是一次新的转机。当机会出现在我们的面前时，就要当机立断，牢牢抓住稍纵即逝的机遇，大胆去尝试，坚持不懈去努力，终会打开成功的大门。

西点学子告诉我们：试着去成功，因尝试，你不再平凡。前方的路还很长，还很险。朋友，请不要害怕，带上尝试让它与你一起去劈荆斩棘；带上尝试，让它与你一起活跃在充满挑战的风口浪尖！

要想操纵自己的命运，就得学会忍耐

“事业常常成于坚韧，而毁于急躁。”沙漠中匆忙的旅人往往落在从容的旅人后面；疾驰的骏马往往落在缓步的骆驼后头，而缓步的骆驼却能继续向前。一个人偶尔心血来潮，干一些一时奋进的事情，这是很容易做到的。但是，日复一日地持久奋斗，却不是一般人能够做到的。人生之路漫长崎岖，有太多的意外会袭来，没有忍耐精神，就不能成就一番大事业。

对成功人士来说，任何委屈都不足以让他心灰意冷，相反更能鼓舞斗志，激发起一定要做成大事的愿望。忍耐即是成功之路，忍耐才能转败为胜。

对所有的人来说，希望和耐心是两剂有特效的自救药，也是人在患难中最可靠的依托和最柔软的依靠。确信无法突破的时候，首先要选择的是忍耐。

同一座山上有两块相同的石头，三年后发生了截然不同的变化。一块石头被雕刻成了塑像，受到很多人的敬仰和膜拜，而另一块石头却被铺在路边受别人的践踏。

被践踏的石头极不平衡地说道："老兄呀，三年前，我们同为一座山上的石头，今天产生这么大的差距，我的心里特别痛苦。"

另一块石头答道："老兄，你还记得吗？三年前，来了一个雕刻家，你害怕割在身上一刀刀的痛，你告诉他只要把你简单雕刻一下就可以了，而我那时忍耐着那一刀刀的痛，所以产生了今天的不同啊。"

在日常工作和生活中，我们每个人都应该学会忍耐。有些事情，你永远也不会习惯，但你要学会克制、学会忍耐。你不习惯黑夜，但黑夜每天适时而来，你忍耐着，天就亮了；你不习惯寒冷的冬季，但冬天的脚步渐渐逼近，你忍耐着，那春天还会远吗？

忍耐是我们人生过程中都要经受的一件事，善于忍耐，积极积蓄力量和资本的人，更容易取得飞跃式的进步。作为一个年轻人，在意志的果断性、忍耐性和顽强性上磨炼自己，是十分必要的。韧性也就是意志的忍耐力，是把痛苦的感觉或某种情绪长时间地抑制住，不使其表现出来的能力。顽强忍耐的人，跌倒了再爬起来，这样力量也在一次次的跌倒和爬起中不断增长。

忍耐的人暂时容忍，最后必然会得到公平的待遇。忍耐是一种理智，是一种涵养，更是一种美德。成功的人都是以极大的毅力和意志忍受着困苦，在艰辛中一步步地向前迈进的。

日本矿山大王古河市兵卫小时候曾当过收款员。有一天晚上，他向客户催讨钱款，对方毫不理睬，根本不把古河放在眼里。古河没办法，忍饥挨饿，一直等到天亮。

早晨，古河并没有显出一点愤怒，脸上仍然堆满笑容。对方被古河的耐性所感动，立即态度大变，恭恭敬敬地把钱付给他。他的这种认真负责、富有耐性的工作精神也让老板很欣赏。因他工作表现优异，几年后被提升为经理。

有人问古河成功的秘诀，他说："我认为成功的秘方在于'忍耐'二字。"能忍耐的人能够得到他所要的东西。能够忍耐，就没有什么力量能阻挡你前进。

职业演讲家周士渊曾说："其实人是什么苦都能吃，什么环境都能适应的，但关键是头几天，只要咬着牙挺过去，过了这一关，以后就没什么难事了。许多人不明白这个道理，碰到一点困难就退缩了，其实再坚持一下，坦途就在眼前。正所谓'能忍一时苦，换来一世甜；难忍一时苦，终生苦中苦。'"

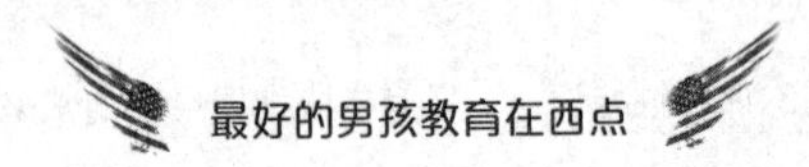

我们的人生，就像大海里的船舶，只要不停止航行，就会遭遇风险，没有风平浪静的海洋，也没有不受伤的船。命运常常是一种折磨，要想把握自己的命运，就得学会忍耐。总有一天，忍耐会作为一颗夺目的钻石镶嵌到成功的金牌上，从此熠熠生辉。

让“自嘲”帮你走出尴尬的境地

幽默一直被认为是只有聪明人才能驾驭的一种语言艺术，而自嘲又被称为幽默的最高境界。由此可见，能自嘲的必须是智者中的智者，高手中的高手。

自嘲就是对缺点、缺陷、错误不遮掩、不逃避，反而把它放大、夸张、剖析，然后巧妙地引申发挥、自圆其说，博得一笑。没有豁达乐观的心态和胸怀，是无法做到的。可想而知，自以为是、斤斤计较的人是难以做到的。

自嘲无伤害，最为安全。你可用它来活跃谈话气氛，消除紧张；在尴尬中自找台阶，保住面子；在公共场合获得人情味；在特别情形下含沙射影，刺一刺无理取闹的人。

传说，希腊哲学家苏格拉底的妻子是个泼妇，经常对他发脾气，而苏格拉底总是对旁人自嘲道：“讨这样的老婆好处很多，可以锻炼我的

忍耐力，加深我的修养。”

一次，老婆又发起脾气来，大吵大闹，很长时间还不肯罢休。苏格拉底只好出门避一避。他刚走出家门，那位怒气未消的夫人突然从楼上倒下一大盆水，把他浇成了落汤鸡。这时，苏格拉底打了个寒战，不慌不忙地说：“我早就知道，响雷过后必有大雨，果然不出我所料。”

显然，苏格拉底有些无可奈何，但他带有自嘲意味的讥讽，使他从这一窘境中超脱出来，显示了苏格拉底极深的生活修养。

在一次制定美国宪法的会议上，有位议员说：“宪法里要规定一条：常规部队任何时候都不得超过5000人。”

华盛顿非常平静地说：“这位先生的建议的确很好。但我认为还要加上一条：侵略美国的外国军队，任何时候都不得超过3000人。”

华盛顿没有直接对那位议员的建议进行批驳，而是以幽默的方式驳回了他的建议，表现出了包容的风度。同时也缓和了剑拔弩张的会议气氛，使整个论点有一个承前启后的过渡，使人有继续听下去的兴趣。

艾森豪威尔将军外表憨厚，笑容可掬，生性幽默，非常懂得运用自嘲来鼓舞别人。

“二战”期间，他到前线视察，并对官兵们演说，以鼓舞士气。不巧下雨路滑，讲完话要离开时摔了一跤，引得官兵哄堂大笑。

身旁的部队指挥官赶紧扶起他，并对官兵们无礼的哄笑郑重地向他致歉。艾森豪威尔对指挥官悄声说：“没关系，我相信这一跤比刚刚所讲的话更能鼓舞士气。”

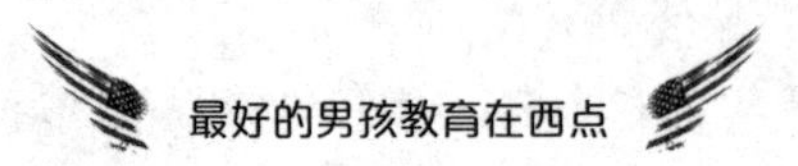

艾森豪威尔在军队任职时，就有“通情达理的上司”和“平民司令”的美称。他当上总统后温和的作风依然不改。

有一次，财政部长乔治·汉弗走进艾森豪威尔的总统办公室时，艾森豪威尔握住他的手并亲切地说：“亲爱的乔治，我注意到你的梳头方式和我一样。”汉弗抬头一看，原来艾森豪威尔和他一样，都是光头。

由此可见，适时适度地幽默自嘲，不失为一种良好的修养，一种充满魅力的交际技巧。幽默，能制造轻松和谐的交谈气氛，更有效地维护了面子，建立起新的心理平衡。生活中的我们，如果遇到尴尬的事情时，不妨学会自嘲一下，让所有的不快都过去吧。

放下狭隘的嫉妒之心

在很久以前，摩伽陀国有一位国王饲养了很多大象，象群中有一头白象长得非常漂亮。后来，国王将这头白象交给一位驯象师照顾。这位驯象师不只照顾它的生活起居，而且非常认真地调教它。这头白象十分聪明、善解人意，过了一段时间，他们建立了良好的默契。

有一年，这个国家举行了一个大庆典，国王打算骑白象去观礼。于是驯象师将白象清洗干净、装扮一番，而且在它背上披上一条白毯子后交给了国王。

国王就在众多官员的陪同下，骑着白象进城看庆典。由于这头白象实在太漂亮了，人们都围拢过来，一边赞叹，一边高喊着："象王！象王！"这时，骑在象背上的国王，觉得所有的光彩都被这头白象抢走了，心里十分生气、嫉妒。很快地绕了一圈后，就满怀不悦地返回了王宫。

一进入王宫，他就问驯象师："这头白象是不是有什么特长啊？？"驯象师答道："不知道国王您指的是哪方面？"国王说："它能不能在悬崖边展现自己的技艺呢？"驯象师说："应该可以的。"国王就说："那明天就让它在波罗奈国和摩伽陀国相对的悬崖上表演吧。"

第二天，驯象师依约把白象带到悬崖。国王马上就说："这头白象能以三只脚站立在悬崖边吗？"驯象师说："这很简单。"他骑在白象背上，对它说："来，用三只脚站立。"果然，白象立刻就缩起一只脚。国王又说："它能两脚悬空，只用两脚站立吗？""可以的。"驯象师就叫它缩起两脚，白象很听话地照做。国王接着又说："它能不能三脚悬空，只用一脚站立？"

驯象师一听，明白国王存心要置白象于死地，于是对白象说："你这次要小心一点，缩起三只脚，用一脚站立。"白象也很谨慎地照做。围观的人看了，都热烈地为白象鼓掌、喝彩！国王越看心里越是不平衡，连忙对驯象师说："它能把后脚也缩起，全身悬空吗？"

这时，驯象师悄悄地对白象说："国王存心要你的命，既然他无道无德，我们在这里会很危险。你能腾空飞到对面的悬崖吧？"不可思议，这头白象竟然真的把后脚悬空飞起来，载着驯象师飞越悬崖，进入了波罗奈国……

人为何要与一头象计较而生嫉妒呢？从这个童话故事中很多西点人都能够看到，善妒的国王因为白象抢走了他的风头，于是生起了嫉妒心，一心想置白象于死地，可是最终无法成功，最后既失去了白象、失去了驯象师，也失去了民心。

所以说，嫉妒只会害人害己，有时更会弄巧成拙，得不偿失。一个聪明的人看到别人的长处，会尝试着欣赏对方的才能，从而充实自己的不足。我们应该换个角度想，一分耕耘，一分收获，别人能够得的光环都是他努力付出的结果。当我们看到别人在享受丰硕的成果时，可曾想过别人背后付出了多少努力？所以不要妒嫉别人。与其妒嫉别人，不如起而力行，努力实践，努力去实现自己的愿望。

作为一个有理想的人，最重要的是要调整好自己的心态，要慎防嫉妒，要有包容心。我们不要对他人的优秀心存嫉妒，应该放下狭隘之心，向他学习，以他为榜样。

那么，到底应该怎样做呢？

（1）要跳出“我”的狭小圈子。心胸狭窄、患得患失的人，凡事总是以我为中心，把个人得失看得很重。要改掉这个毛病，去掉一些私心，减少一些计较，这样时间久了，心胸就会慢慢开阔起来。

（2）要懂得以宽容之心原谅别人的过失。严以律己，宽以待人。凡事多为他人着想，多为他人排忧解难，对他人的过失给予更多的理解和体谅，这样我们就能从生活中获得许多安慰和快乐，从而赢得他人的尊敬。相反，为一点小事斤斤计较，横眉冷对、怒目相视，不懂谦让的人会活得很累，自寻许多烦恼。

（3）要学会适当地放弃和牺牲。生活中的事情不可能都合理，心甘情愿地为某些事做一点牺牲，放弃一些要求，不仅是应该的，而且也是非常必要的。高尔基先生曾经说：给予永远比索取要好。牺牲一点，放弃一点，并不影响你什么，却可以换来和平与宁静，得到他人的理解与尊重，自己也会因为付出而感到满足。

第 4 课

成功课——多坚持一分钟，就能达到终点

相信成功，相信自己是一只雄鹰

一个人在高山之巅的鹰巢里，抓到了一只幼鹰，他把幼鹰带回家，养在鸡笼里。这只幼鹰和鸡一起啄食、嬉闹和休息，自以为是一只鸡。等鹰渐渐长大，羽翼丰满了，主人想把它训练成猎鹰，可是由于它终日和鸡混在一起，已经变得跟鸡一样，根本没有想飞的愿望了。主人试了各种办法，都毫无效果，最后把它带到山顶上，然后将它扔了下去。这只鹰像块石头似的直掉下去，慌乱之中它拼命地扑打翅膀，就这样，它飞了起来！

如果你不相信自己是一只雄鹰，那么你就永远都做不了雄鹰。在人生的道路上，只有自信的人才能够在广阔的天空中自由飞翔，只有自信的人才能够战胜一个个挫折，赢来最后的喜悦。

西点军校前校长伊·本尼迪克特曾说："遭遇挫折并不可怕，可怕的是因挫折而产生的对自己能力的怀疑。只要精神不倒，敢于放手一搏，就有胜利的希望。"

在西点军校学子的眼中，真正的英雄不一定是那些鼎鼎大名、做出惊天动地事业的人，而可能是那些些默默无闻，甚至连名字都没有留下的人。拿破仑手下的一名小鼓手就是一个生动的例子。

那是在马林果战役的前夕，拿破仑坐在营帐里，凝视着面前摊开的一张意大利地图。他把四枚钉子按在地图上，一边挪动钉子，一边思考着。过了一会儿，他自言自语地说：“现在一切都好了，我要在这里抓住他！”

“抓住谁？”身旁的一个军官问道。

“墨拉期，奥地利的老狐狸，他要从热那亚回来，路过都灵，回攻亚历山大里亚。我要渡过波河，在塞尔维亚平原迎着他，就在这儿打败他。”拿破仑的手指向马林果。

但是，马林果战役打响后，法军受到敌军强有力的抵抗，只剩招架之功，拿破仑精心筹措的胜利眼看要成为泡影。

正在法军败退之际，拿破仑手下的将领德撒带着大队骑兵驰过田野，停在附近山坡上。队伍中有一个小鼓手，他是德撒在巴黎街头收留的流浪儿，在埃及和奥国战役中一直在法军中作战。

当军队站住时，拿破仑朝小鼓手喊道：“击退兵鼓。”这个孩子却没有动。

“小流浪汉，击退兵鼓！”孩子拿着鼓枪向前走了几步，大声说道：“啊，大人，我不知道怎么击退兵鼓，德撒从来没有教过我。但是我会击进军鼓，是的，我可以敲进军鼓，敲得让死人都排起队来。我在金字塔敲过它，在泰泊河敲过它，在罗地桥也敲过它。啊，大人，在这里我可以也敲进军鼓么？”

拿破仑无可奈何地转向德撒：“我们吃败仗了，现在可怎么办呢？”

“怎么办？打败他们！要赢得胜利还来得及。来，小鼓手，敲进军鼓，像在泰泊河和罗地桥一样敲吧！”

不一会儿，队伍随着德撒的剑光，跟着小鼓手猛烈的鼓声向奥地利军队横扫而去，他们不惜流血牺牲，把敌人打得一退再退。德撒在敌人的第一排子弹中就倒下了，但是队伍并没有动摇。当炮火消散时，人们看到那小流浪儿走在队伍最前面，笔直前进，仍旧敲着激昂的进军鼓。他越过死人和伤员，越过营垒和战壕。他的脚步从容不迫，鼓声激进有力，他以自己勇敢无畏的精神开辟了胜利的道路。

小鼓手面对敌人的军队并没有退缩，在节节败退时敲响了进军鼓，他一直都相信自己军队的实力。最后，由于他的自信、勇敢精神鼓舞了士气，使战争获得了胜利。

在任何时候，不管我们遇到什么样的艰难险阻，都要时时刻刻相信自己的能力，相信自己就是向成功迈近了一大步。

多坚持一分钟，就能到达终点

西点著名学员、巴拿马运河的总工程师戈瑟尔斯曾说：“能否多坚持一分钟，是人才和平庸之徒的分水岭。”由此可见，坚持在获取成功的过程中起着不容忽视的作用。

数九寒天，一座城被围，情况危急，假如明天下午之前仍得不到援兵，该城就将完全失陷。守将决定派一名士兵去河对岸的另一座城求援。

这名士兵马不停蹄地赶到河边的渡口，却看不到一只船。平时，渡口总会有几只木船摆渡，但由于兵荒马乱，船夫们都逃往外地去了。士兵忧心如焚，假如过不了河，不仅自己会成为俘虏，就连城里的百姓也会落在敌人手里。

夜幕降临，黑暗和寒冷更加剧了他的恐惧与绝望。这是他一生当中最难熬的一夜，他觉得自己今天真是四面楚歌、走投无路了。更糟的是，起了北风，半夜又下起了鹅毛大雪。他缩成一团，紧紧抱着战马，借战马的体温取暖。他甚至连着急的力气都没有了，内心只有一个念头：活下来！他暗暗祈求：上天啊，求你再让我活一分钟，求你让我再活一分钟！

当他奄奄一息的时候，东方渐渐露出了鱼肚白。他牵着马走到河边，惊奇地发现，那条阻挡他前进的大河上面，已经结了一层冰。他试着在河面上走了几步，发现冰冻得非常结实，他完全可以从上面走过去。他欣喜若狂，牵着马走过了河面。城里的人就这样得救了，得救于他搬来的援兵，得救于他的忍耐和等待。

成功，有时候就在坚持与放弃之间。当你坚持下去，可能会有意想不到的结果。

在获取知识的道路上，坚持无疑是非常重要的。试想，如果没有坚持不懈的精神，三天打渔两天晒网，又怎么能够拥有真才实学呢？

开学第一天，古希腊大哲学家苏格拉底对学生说："今天咱们只学一件最简单也是最容易做到的事。每人把胳膊尽量往前甩，然后再尽量往后甩。"说着，苏格拉底示范了一遍。"从今天开始，每天做300下，你们能做到吗？"这么简单的事谁都可以做到，学生们都笑了。

过了一个月，苏格拉底问道："每天甩手300下，哪些同学坚持了？"大多数人都非常骄傲地举起了手。

又过了一个月，苏格拉底又问，这回坚持下来的学生只剩下八成。

一年过后，苏格拉底又问道："请告诉我，最简单的甩手运动，还有哪些位同学坚持了？"这时，整个教室里只有一人举起了手。这个人就是后来成为古希腊大哲学家的柏拉图。

一个非常简单的动作，能够长期坚持下来就是一件非常不容易的事情。凡事能否坚持下去，就成了平庸与杰出者之间的分水岭。有的人因为坚持而得到了自己梦想得到的东西，有的人却因为放弃而一事无成。

其实，世间最容易的事是坚持，最难的事也是坚持。说它容易，是因为只要愿意做就能做到；说它难，是因为真正能做到的终究只是少数。

爱·罗塞尼奥是第七届国际马拉松赛冠军。当他从领奖台上走下来的时候，有记者问他：是什么力量让你坚持到最后，跑在最前面？他想了想，讲了一个关于自己的故事：

上中学的时候，有一次他参加学校举办的10公里越野赛。刚开始的时候，他跑得很轻松，慢慢地，他感觉有些跑不动了，汗流浃背，脚底发虚，很想停下来歇一歇。这时，一辆校车开了过来，校车是专门在赛跑路线上接送那些跑不动或者受伤的学生的。他很想上车，但还是忍住了。

又跑了一段时间，他感到两眼模糊，胸口发紧，双腿灌铅似的沉重，停下来休息的愿望又强烈地袭了上来。又一辆校车开了过来，他迟疑了一下，还是压制住了他那极速膨胀的渴望，继续朝前跑。

不知又跑了多久，到了一个小山坡前，他感到眼冒金星，全身虚脱，两条腿仿佛都不听使唤了。他绝望了，不再坚持，当校车再一次开过来的时候，他没有犹豫，上去了。

没想到的是，校车开过那个小山坡一拐弯就到了终点。他后悔极了，要是再坚持一分钟，冲刺一下，就能越过小山坡，跑到终点，那是多么令人骄傲的事情啊！

从那以后，每次参加比赛，当感到自己跑不动、快要泄气的时候，他就不断地对自己说："再坚持一分钟，快到终点了！"就这样，他一直跑到世界冠军的领奖台！

坚持一分钟，赢得举世瞩目的胜利。爱·罗塞尼奥凭着坚韧不拔的毅力向终点跑去，终于有一天他跑到了世界冠军的领奖台。全世界人民都在为他欢呼，这便是坚持得来的成果。试想，没有了坚持又怎会得到掌声与鲜花呢？

有时候，目标遥遥无期，总也望不到头。如果这时放弃，以前的努力都将白费，所花的心血都是徒劳；只要再坚持一会儿，就有可能“柳暗花明”。很多时候，我们选择了放弃，但放弃之后，我们才发现成功与我们只有咫尺之遥，于是又后悔不已。其实，当拨开重重迷雾时，你会发现阳光一直在你身边。

费罗伦丝·查德威克将要在1952年7月的一天挑战横渡加利福尼亚海峡。当时，美国加利福尼亚笼罩在一片浓雾之中，她从早晨开始，从海岸以西的卡塔林纳岛下水向加州海岸游去，假如这次她能够成功，那么，她将是第一位游过这片海峡的女性。

那天早上，雾浓得连护送她的船都看不太清楚，而且天气很冷，鲨鱼几次靠近她都被人们赶走。通过电视，无数人都在关注着她的一举一动。刺骨的海水虽然让人有点儿难以忍受，但她坚持向前游去，时间就这样一点一点地过去了。

16个小时后，由于心中期盼的陆地依然没有出现，费罗伦丝·查德威克便告诉救护船上的人自己再也游不动了，于是人们把她拉上船来。她的父母和教练在船上遗憾地告诉她：“海岸就在前面，你再坚持一会儿就成功了。”

大雾消散之后，人们发现拉她上船的地方距离加州海岸不到半英里。对于这次失败，很多人都感到非常惋惜：“是呀！就只差那么一点点！”

后来，费罗伦丝·查德威克谈起这次失败时，说道：“当时让我半途而废的不是寒冷，而是自己的信心。我游了16个小时之后，开始怀疑自己不能到达海岸，越这样想就越丧气，于是就没法坚持下去了。如果我再坚持半个小时，就能成功了。”

仅仅是因为没有游完最后不到一英里的距离，费罗伦丝·查德威克的所有努力都前功尽弃了！

在通往成功的道路上坚持显得非常重要，面对挫折时，要告诉自己：坚持一下，胜利就在眼前。这一次失败已经过去，下次才是成功的开始。人生的过程都是一样的，跌倒了再爬起来。其实，成功者跌倒的次数比爬起来的次数只少一次，失败者跌倒的次数比爬起来的次数也只多了一次而已。

因此，成功更多依赖的是一个人在逆境中的恒心与忍耐力，而不是天赋与才华。布尔沃说：“恒心与忍耐力是征服者的灵魂，它是人类反抗命运、个人反抗世界、灵魂反抗物质的最有力支持。”

在机会到来之前，你一定要做好准备

人生最可悲的就是：曾经有一个非常好的机会，可惜我没有把握住。其实，机会对于每个人来说都是平等的，它可能降临在任何一个人的身上，但前提是在它到来之前，你一定要做好准备。

我们在评价一个人的能力和他的成就时，我们不能完全忽略机遇的重要性。有些时刻比几年都要重要，有时一个出乎意料的 5 分钟就可能决定一个人的命运。

但是，人不是靠偶尔撞在木桩上的兔子获得成功的。事实上，通常我们所说的命运的转折点，大多是厚积薄发的一个具体体现。聪明的西点军人非常精辟地诠释了勤奋、机遇和成功三者之间的关系：准备好，当机会来临时你就成功了。麦克阿瑟将军说过：“召集军队的军号声对于军人来说，就是一种机会。但是，这嘹亮的军号声不会使军人勇敢起来，也不会帮助他们赢得战争，机会还得靠他们自己来把握。”

奥尔·布尔多年以来一直坚持不懈地练习拉琴。通过不断的练习，他的技艺早已成熟。但始终还是默默无闻，不为大众所知。

不过，他相信好运迟早会到来。

一次，这个来自挪威的年轻乐手正在演奏的时候，著名女歌手玛丽·布朗恰巧从窗外经过。奥尔·布尔的演奏使她如醉如痴，她没有想到小提琴能够演奏出如此优美动人的音乐。她赶紧询问了这个年轻乐手的姓名。

不久，在一次影响力极大的演出中，由于玛丽·布朗与剧场经理发生了分歧，不得不临时取消了自己的节目。在安排人到前台去救场时，她想到了奥尔·布尔。面对聚集起来的大批观众，奥尔·布尔演奏了一个多小时，就是这一个多小时使奥尔·布尔有了登上世界音乐殿堂的机会。

对于奥尔·布尔而言，那一个多小时便是机遇，只不过，他早已为此做好了准备。

试想，如果没有奥尔·布尔长期不懈的努力，是不可能抓住机遇之神的双手的。机会总是垂青提前做好准备的人，否则就算是唾手可得的机会也会离你而去。所以有计划地为自己的目标做好准备，就是为成功做好了准备。

在欧洲厄尔士山山脚下，有一个叫麦森的德国小镇，是举世闻名的“欧洲瓷都”。而与这里的陶瓷齐名的还有一个人，他叫贝特格。

在30多年前，贝特格还是一个微不足道的人，因为那时候他只是麦森陶瓷厂的一个工人，负责将陶瓷厂里的废泥、废瓷器片等废料从厂里运到垃圾场。当时，麦森陶瓷厂完全靠着一位叫普塞的意大利技师和他的几个徒弟支撑。普塞是麦森陶瓷厂重金聘来的，月薪1万欧元。

有些人很容易恃宠而骄。有一天，普塞技师因跟厂方意见不和而发生争执，后来竟一怒之下带着自己的几个徒弟回了意大利。因无人接替普塞的位置，麦森陶瓷厂秩序顿时乱了，被迫停产。有的说：“赶紧去意大利向普塞赔礼道歉吧，并给他加薪，让他继续为我们服务。”有的说：“普塞要是实在不肯来，我们就必须迅速将招聘启事贴满意大利的大街小巷！只要能招聘到技师，就能解决问题。”

没想到，普塞技师为了要看麦森陶瓷厂的笑话，不但对加薪毫不理会，还对意大利的同行发出通知：不准接受麦森陶瓷厂的聘用。

就在麦森陶瓷厂举步维艰之际，贝特格站了出来。他主动找到厂里的领导们说：“可否让我试一试？”

领导们都不同意：“别捣乱！你一个垃圾工怎么干得了技工的活？”

贝特格当即拿出从家里带来的自己烧制的一个花瓶，说："请你们看看这个，它的质量跟咱们厂的产品相比哪个更好？"领导们看后，个个目瞪口呆，纷纷问贝特格："这花瓶真的是你烧制的？"贝特格肯定地点了点头。

原来，这个在厂里毫不起眼的默默干了近十年的垃圾工，居然每天都在偷学普塞技师的手艺。连厂方正式派去跟普塞技师学艺的工作人员都没能学会的东西，却让贝特格学会了。

厂领导问贝特格："你有什么需要，尽管提出来。"贝特格说："我现在的月工资是20欧元，能不能将我的月工资提高到30欧元？"贝特格怕厂领导不答应，便赶紧解释说："我还做我的垃圾工，只是兼职做技师而已，因为我的母亲患有严重的哮喘病，每个月都需要服用10欧元的药物，而我的工资只够维持全家人每月的生活开销。"

厂领导说："只要你能取代普塞，你不但不用再干运垃圾的工作，从现在开始，你的月薪还能跟普塞一样，每月1万欧元。"

就这样，麦森陶瓷厂又开工了。贝特格，这位当初的垃圾工，做梦也没想到自己能拿如此高的工资，而普塞技师更没想到，自己竟然败给了一个垃圾工。

如今，麦森已成为德国的陶器重镇，而贝特格的名气也远远超过了意大利的任何一位顶级技师。

一个在别人眼里微不足道的垃圾工竟然会有这么高的手艺，这一切都得益于他长期的准备工作。这个凭借自己微薄的工资勉强度日的垃圾工，在业余时间学习手艺，终于有一天派上了大用场，并由此而改变了人生的命运。

机遇永远都青睐有准备的人。如果你想抓住机遇，那么就要时刻准备着。成功学大师卡内基说：“机会是自己努力创造的，任何人都有机会，只是有些人善于做准备，因此他们可以更好地抓住机会，达到自己的目的。”

避免一切小的失误，做好每一个细节

著名的西点军校学子、美国南北战争时期北方军总司令格兰特将军曾说：“避免一切小小的失误，就能减少巨大的意外挫折。”在现实生活中，有时候阻碍我们前进的不是大灾难而是一些小失误。

某著名大学应届毕业生方华因为一份简历在应聘时栽了跟头。

参加招聘会的那天早上，方华不慎碰翻了水杯，将放在桌上的简历浸湿了。为尽快赶到会场，方华只得将简历简单地晾了一下，便和其他东西一起匆匆塞进了背包。

在招聘会上，方华看中了一家深圳房地产公司的广告策划主管岗位。按照这家企业的要求，应聘者要先与招聘人员简单交谈，再投简历，之后应聘者才会得到一次面试的机会。

招聘人员问了方华三个问题后，便向他要简历。方华掏出简历时才发现，简历上不光有一大片水渍，而且加上包里的钥匙等东西的划痕，已经不成样子。方华努力将它抚平，递了过去。看着这份伤痕累累的简历，招聘人员的眉头皱了皱，还是收下了。那份折皱的简历夹在一叠整洁的简历里，显得十分刺眼。

三天后，方华参加了面试，表现非常活跃，无论是现场操作，还是为虚拟的产品做口头推介，他都完成得非常不错。当他结束面试走出办公室时，一位负责的小姐对他说："你是今天面试者中最出色的一个。"

然而，面试过去了一周，方华依然没有得到回复。他急了，忍不住打电话向那位小姐询问情况。小姐沉默了一会，告诉他："其实招聘负责人对你是很满意的，但你败在了简历上。老总说，一个连简历都保管不好的人，是管理不好一个部门的。"

一个小小的失误竟然让机遇从自己的眼前溜走，这个教训提醒我们一定要注意做人做事的细节。毕竟一些不经意流露出来的"小节"往往能反映一个人深层次的素质。

在亚利桑那州市郊的空军基地由西点学子进行的一次军事演习中，吉布斯和葛尔都处在警戒状态。所谓警戒状态，意味着一旦听到警报声，你必须立即进入战斗状态。此刻哪怕你睡得再香也得爬起来。警报声一响，飞行员和雷达观测员必须在5分钟内由熟睡转入飞行状态。洗澡、刮胡子、看报，一切常规行为都将免谈。

地空机组人员显然要进行大量的训练和准备，吉布斯和葛尔已演练过上千次。从飞行服到驾驶舱的安全带，一切都做了精心安排，以便在紧急起飞时实现效率最优化。

这是又一次的常规演习。起飞过程的每一个细节都印在脑海里，在反复操作之后，一切仿佛都是与生俱来的一般。一手发动引擎，调节操纵杆；一手扣紧安全带，接下来一连串动作琐碎却又至关重要，一切都无暇细想。最终只为着，在被敌机困住之前飞向天空，与之交战。

吉布斯和葛尔在靠近跑道尽头的一幢空房里休息，战斗机在此待命。紧急起飞的号角吹响，他们立即投入“战斗”。很快他们便穿好飞行服，钻进座机舱。葛尔将战斗机驶向跑道，点燃引擎的再燃装置，13秒内他们的时速便达到了200英里。

每一个动作看上去都无懈可击。此时任何细小的偏差都能在瞬间觉察。但是，不希望出现的偏差偏偏出现了。几乎是在升空的同时，葛尔听到了轰轰的声响与他从前听到的声响不同，这声音听起来像是有人在机外用钻头钻机身。

机舱是封闭的，冲钻声究竟从何而来也无从辨别。葛尔请求侧飞，以便监控塔中的工作人员可以对飞机外部进行检测。对方的答复是，一切正常。就在那时，吉布斯告诉葛尔说，出发时由于匆忙，他忘记系肩带了。大大的金属扣在机舱外悬着，在他入座时，这些扣环原本可以很快扣好的，现在却砰砰地敲打着机身。时速达到几百英里时，撞击便越发猛烈。葛尔立即做出决定，停飞着陆。谁也无法断定这些扣环所造成的损失有多大。

扭捏不安的吉布斯承认自己还忘了系安全带。或许是为了弥补这一过失，他主动要求将肩带剪断。葛尔脑海里立即浮现出一幅金属环收入

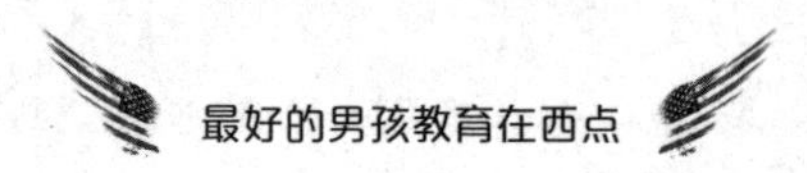

左侧引擎的画面。这无疑会引发一场灾难。葛尔嘱咐吉布斯让肩带保持原状，然后将飞机着陆，肩带就挂在机舱的两侧。

飞机在滑行时，似乎整个美国空军都在等候着他们的归来。此时吉布斯说道："我想我遇上麻烦了。"葛尔回答说："我知道情况不妙。"

当天，他们非但没有成为美国军事战备的光辉楷模，反倒在总部的战备检查团面前让所在部队蒙羞。他们的指挥官对此非常不满。

吉布斯和葛尔遭到了前所未闻的质问。只不过是小小的肩带，它却几乎毁了他们所驾驶的飞机。在经受了指挥官的严厉拷问之后，吉布斯便开始为自己的疏忽付出代价，而这代价自然是昂贵的。

背负65磅重的梯子，戴着安全帽和降落伞，他得对全组的18架战斗机逐一进行彻底的飞行前检查——一切由他独自完成。

小小的失误可能会带来巨大的损失。幸好，在发现失误时及时地加以弥补，才使得悲剧没有发生。

生活是由一个小小的细节组成的，当我们做好每一个细节时，我们便有了获取胜利的可能。当我们因为粗心而没有做好一个细节时，就有可能让不幸找上自己。为了能够避免一些不必要的挫折，请用点心思尽量减少失误的发生吧。

想办法打败怯懦，而不是一味地躲着它

麦克阿瑟在西点军校的演讲中曾经这样说过：“不勇敢打败怯懦，就得一辈子躲着它。”

想象中的恐惧，往往比我们现实中的恐惧来得可怕，我们只有鼓足勇气克服困难，克服怯懦，才能够战胜它而不是一辈子躲着它。这就好比游泳，如果我们克服不了对水的恐惧，那么我们只能一辈子做个旱鸭子。

巴顿将军从小就将杰克逊的一句话视为座右铭，那就是“不让怯懦左右自己”。他认为作为一名军人，勇敢无畏是最为重要的。当他练习马术时，他总是选择最难以逾越的障碍物和最高的跨栏。在平时的狙击训练时，他总是踩着安全线进行练习，他说：“看到了自己在面对困难时有多害怕，才能够锻炼自己打败怯懦。”

1909年，巴顿从西点军校毕业后被任命为骑兵连少尉，保卫芝加哥以北27英里的谢里登堡。初出茅庐的他就因为在那里驯服了一匹疯马而闻名，当时马踢中了他的脸颊，鲜血直流，但是他依然冷静处理并降服了这匹疯马。面对困难，巴顿一直思考的是自己要如何克服和战胜困难，而不是逃避。

有个非常出色的举重运动员曾说：“我之前一直无法举起500磅的重量，总是停留在498磅，因为当我知道这是500磅时，我就没能战胜自己的怯懦。然而有一天，教练对我说，举起495磅就可以休息了。于是我成功地举起了这个重量，然后教练才告诉我，那其实是506磅的重量。我就这样做到了，自此以后，500磅对我来讲不再是一道坎儿。”

很多时候我们是否能够跨越障碍不是取决于我们的能力，而是取决于我们的心态。

麦克阿瑟童年时期经常陪着同样是美国名将的父亲驻防美国西部的荒漠地区希尔登堡。每当听到战场上锣鼓齐鸣、马匹嘶吼，5岁的他会忍不住哭泣，然而父亲却会嘲笑他的胆怯。

小小的麦克阿瑟忍不住反问：“爸爸会对着国旗流泪，他也是胆怯吗？”母亲回答了他：“一个男子汉可以为了光荣和自豪感而流泪，却不能为了害怕和恐惧而哭泣。”

这个答案伴随着麦克阿瑟的一生，让他明白“泪水只为荣誉而流”。在他晚年的回忆录中曾经写道：“我最早的记忆就是军号声，父亲教导我拥有坚强的个性。”

松下幸之助曾说：“在人生旅途中，不时穿插崇山峻岭般的起起伏伏，时而风吹雨打，困顿难行；时而雨过天晴，鸟语花香。总希望能够振作精神，克服困难，继续奔向前程。”

人生之路从来就不是铺满鲜花的，在人生之路上，我们就会有时染上尘埃，有时越过泥泞，有时横渡沼泽，有时行经丛林，一路披荆斩棘，才能到达人生的终点。正因为我们知道生活不会一帆风顺，所以我们更需要战胜怯懦，微笑着面对一切困境。

那么，我们如何才能使自己克服懦弱的心理呢？

（1）制定合乎实际的目标。一个人在目标没有实现时，往往会失去自信。因此，首先要检讨对自己的要求是否“合乎实际”，如果超过实际，需要立刻改进。有时候，没有强烈动机反能完成更多事，野心应符合自己的个性，不必强求。

（2）不要对成功抱有太大的期望，以免变得患得患失。付出了努力换不来成功也无妨，不要持续给自己施加太大的压力，一般成大事者大多都会有一颗平常心。

（3）获得成功的同时，不要输给“胜利效应”，也就是不要在胜利中沉溺太久。

（4）偶尔要找个时间放松一下，“跳出努力的圈圈”，因为没有人能够永远维持精力处于高峰状态。勿采用消耗过多能量的方法，否则得不偿失。

不要以成败看待别人，更不要以成败论英雄

我们在追求理想的路途上，以青春的名义，认可了教科书上的描

写：“道路是曲折的，明天是美好的。”有时候，我们容易忽略书中对“曲折”的轻描淡写，那是因为我们不愿自己的理想化为泡影。

有时，我们对失败的理解通常是这样的：学业、事业不成功，我就是个失败者。其实，我们不能简单地以成败论英雄。在这个纷繁复杂的世界上，有些人即使失败了，依然是人们尊敬爱戴的英雄。楚汉相争，西楚霸王虽败于汉王刘邦之手却依然被我们称为豪杰、英雄。即使是失败也不会改变他在世人心中的地位。成功了是英雄，失败了也同样可以是英雄。

“不以成败论英雄”在西点学子的心里也是如此。

道格拉斯·麦克阿瑟是出身于西点军校的将军，亦是“二战”中最耀眼的将星之一。他戎马一生，先后参加过两次世界大战，39岁出任西点军校校长，被誉为“西点之父”；50岁时又成为美军历史上最年轻的陆军参谋长。而他一生中最荣耀的时刻定格在1945年9月2日，他以盟军总司令的身份主持了日军投降仪式！当他在日军投降书上签名时，竟同时掏出了五支钢笔。举世瞩目之下，他为何会做出如此奇怪的举动?

原来，他心里有个永远的痛！

1941年底，日军偷袭珍珠港，太平洋战争爆发。时任美军总司令的麦克阿瑟驻守菲律宾，率部队与日军顽强作战，但是由于美国在战争初期准备不足，加上敌众我寡，无法抵挡日军潮水般的攻势，失败几乎已成定局。麦克阿瑟誓与菲律宾共存亡，甚至连自杀用的手枪都准备好了，可是美国政府不想因此失去一员虎将。次年3月，在罗斯福总统的电令再三催促下，麦克阿瑟只好孤身撤离了菲律宾，前往澳大利亚接管西南战区。

一个月后，菲律宾全境沦陷，9万美军被迫向日军投降，麦克阿瑟的手下爱将温赖特将军和英军司令亚瑟少将同时被俘。这是美军历史上规模最大的一次缴械投降，更是麦克阿瑟军事生涯中最惨痛的一次失败。

到达澳大利亚，麦克阿瑟依然受到了人们英雄般的欢迎，毕竟他率领美军英勇抵抗了日军那么长时间。然而，他心中一刻也没有忘掉在菲律宾遭受的奇耻大辱。他对传媒说："现在我出来了，但是我将会回来！"当时美军战局不利，美国上下笼罩在悲观之中，这句话极大地鼓舞了人们抗战的信心。

1944年10月20日，麦克阿瑟亲率28万大军在菲律宾莱特岛进行登陆作战。美军刚刚占领滩头阵地时，战斗很激烈，麦克阿瑟早已迫不及待，换上一身崭新的卡其布军装，冒着枪林弹雨，蹚过没膝的海水上岸了。天上下起了倾盆大雨，有人为他打伞，被他拒绝。他站在雨中发表了讲话："菲律宾人民，美国陆军五星上将道格拉斯·麦克阿瑟回来了……"在他脸上恣意流淌的已分不清是雨水还是泪水，为了这一天，他已经等待了太久！

法西斯终于覆灭。1945年9月2日日本东京湾上空阴云密布，美军密苏里战列舰上却彩旗飘扬，一派欢腾，盟军总司令麦克阿瑟将在此主持日军投降仪式。中、苏、英、法等盟国代表及其他各国代表均已到场，在庄严激昂的军乐声中，麦克阿瑟登上军舰，在他身后，肃立着温赖特将军和英军司令亚瑟少将。两人当年在菲律宾战败被俘后，一直被囚禁在中国沈阳的日军战俘营，麦克阿瑟专门派人把他们接到了密苏里战列舰上。他紧紧拥抱着他们，动情地说道："当年我交给你们一个烂摊子，自己却独自抽身而退，你们才是真正的英雄！”两位将军感动得热泪盈眶。

麦克阿瑟首先命令日本代表在投降书上签字，然后坐下，同时掏出了五支钢笔。他首先签下了自己名字的前四个字母“Doug”，把第一支钢笔赠给了温赖特将军；换了第二支钢笔签下“las”，回头赠给了身后的亚瑟少将；再用第三支钢笔签下了自己的姓“Macarthur”，这支钢笔赠给了美国国家档案馆收藏；最后两支钢笔签下了他的官衔盟军总司令，分别赠给了他的母校西点军校和爱妻。

“莫以成败论英雄”，可事实上又有多少人能够真正做到？在人生最荣耀的时刻，麦克阿瑟把两个曾经的俘虏带到身边，等于是把自己曾经的耻辱一并公之于众，然而他毫不在乎，这才是真正的英雄本色。

在这个世界上有成功就会有失败。人们往往羡慕成功的辉煌，却很少有人懂得失败的真谛。于是，很多人就情不自禁地以成功作为衡量别人的一个砝码。其实，这是错误的。人生的路是漫长的，一时的失败得失又算得了什么？所以，我们不要以成败来看待自己，更不要以此来衡量别人。

成功，其实没有想象的那么复杂

有一个网球教练问学生："如果网球掉进了草堆里，你们应该怎样去找？"

学生甲："从草堆的中心线开始找。"

学生乙："从草堆的最凹处开始找。"

学生丙："从草最长的地方开始找。"

教练笑笑，说："按部就班地从草地的一头，搜寻到草地的另一头即可。"

其实，成功没有你想的那样复杂，有时候就像从一写到十那样，一点点去做就可以了。

1965年，一位韩国学生到剑桥大学主修心理学。在下午茶时间，他常到学校的咖啡厅或茶座听一些成功人士聊天。这些成功人士包括诺贝尔获得者、某一些领域的学术权威和一些创造了经济神话的人。这些人幽默风趣，举重若轻，把自己的成功都看得非常自然和顺理成章。时间长了，他渐渐地发现，在国内时，他被一些成功人士蒙骗了。那些人为了让正在创业的人知难而退，普遍把自己的创业艰辛夸大了，也就是说，他们经常用自己的成功经历吓唬那些正在成功路上苦苦探索的人。

作为心理系的学生，他认为很有必要对韩国成功人士的心态加以研究。1970年，他把《成功并不像你想象的那么难》作为毕业论文，交给现代经济心理学的创始人布雷登教授。布雷登教授读后，大为惊喜，他认为这是个新发现，这种现象虽然在东方甚至在世界各地普遍存在，但此前还没有一个人大胆地提出来并加以研究。惊喜之余，布雷登教授写信给他的剑桥之友朴正熙——当时正坐韩国政坛第一把交椅的人。他在信中说："我不敢说这部著作对你有多大的帮助，但我敢肯定它比你的任何一个政令都能产生震动。"

后来这本书果然伴随着韩国的经济起飞了。这本书鼓舞了许多人，因为他们从一个新的角度告诉人们，成功与"劳其筋骨、饿其体肤""三更灯火五更鸡""头悬梁、锥刺股"没有必然的联系。只要你对某一事业感兴趣，并且持之以恒地坚持下去就会获得成功。因为上帝赋予你的时间和智慧，足够你圆满地做完一件事情。

后来，这位青年成了韩国泛亚汽车公司的总裁。

在生活中，一个奇妙的想法，甚至一个小小的改变，都可能会给你带来意想不到的惊喜。这位学生并没有迷信权威，而是从一个新的角度看到了问题的实质——写成了《成功并不像你想象的那么难》。结果他成功了，而且是连他自己都不敢想象的成功。其实，成功就是这么简单。

美国有一家牙膏公司，产品优良，包装精美，深受广大消费者的喜爱，营业额也蒸蒸日上。记录显示，前十年每年的营业增长率为100%，这令董事无不雀跃万分。但是，业绩进入第十一年、第十二年及第十三年时则停滞下来。董事部对这三年业绩表现感到非常不满，立马召开全国经理级高层会议，以商讨对策。

会议中，一个年轻经理站起来对董事们说："我手里有张纸，纸上有个建议，若您要使用我的建议，必须另付我5万元！"总裁听了很生气，说："我每个月都支付你薪水，另有分红、奖励，现在叫你来开会讨论，你还要另外5万元，是否太过分？"那位经理解释说："总裁先生，请别误会。如果我的建议行不通，您可以将它丢弃，一分钱也不必付。""好！"总裁接过那张纸后，阅毕，马上签了一张5万元支票给那位经理。

那张纸上只写了一句话：将现有的牙膏开口扩大1毫米。

总裁马上下令更换新的包装。试想，每天早上，每个消费者多用1毫米牙膏，每天牙膏消费量将多出多少倍呢？这个决定，使该公司第十四年的营业额增加了32%。

这位年轻经理的一个小小的建议，竟然给公司带来了新的生机。由此可见，成功并不复杂，只需"扩大1毫米"。

日本著名的阪急电铁、东电公司、东宝公司的董事长小林一三，曾出任过明治朝廷的商工大臣，此人做生意气魄不凡，有许多绝招奥秘。

年轻的时候，小林一三在大阪市创办了一份产业——阪急百货店。照常规，一般的生意人都喜欢垄断经营，总是害怕旁家的店铺抢了自家的生意。小林一三却一反常态，别出心裁地将市内一家名气远扬的咖喱饭店请进自己新建的"阪急百货店"里来经营，并且请他们把咖喱饭的售价降低四成，这四成的差价由小林一三补偿。

这不明摆着是赔本买卖吗？百货店的董事和员工大为不解，认为小林老板一定是受了蛊惑，因此都不支持他的这一建议，请求老板撤销决定。小林一三手笑眯眯地说："你们不必着急，等着看。"

果然，咖喱饭店一开张，很快就吸引了市民们的热情光顾，消息传得沸沸扬扬："阪急百货店里有好吃的咖喱饭，不仅味道鲜美，而且价钱比别的店差不多便宜了一半，快去尝尝吧！"于是，顾客们冲着这份既好吃又便宜的咖喱饭从四面八方赶来，阪急百货店每天挤得人山人海，非常热闹。

而小林一三的阪急百货店的生意自然也一天比一天红火，营业额一下子翻了6倍多，相比之下，他补给咖喱饭店的那一点差价就显得微不足道了。

小林一三的"引狼入室"就是往自己的口袋里装钱，别人的生意红火自然有很多人也会到自己这里来消费，这确实起到了一举两得的作用。也许，在外人看来确实不是什么高招，可是事实证明小林一三的生意是做得越来越好了，又有谁能说它不是生意场上的"绝招"呢？成功其实很简单，有时只需开动脑筋，有一些新奇又可行的想法而已。

第 5 章

交际课——帮助别人，就是拯救自己

学会容忍别人的缺点和不足

西点校友马克斯韦尔·D·泰勒将军曾说："除了要克服来自生活的阻力，还要能够容忍别人偶尔不友好的态度。"在这个纷繁复杂的世界，我们要学会宽容与忍耐，这样可以免除很多不必要的人事纷争和吵闹。

人都是千差万别的，完全相同的人是不存在的。性格、爱好、观点、行为不一致的人在同一范围内生活相处，是很自然的事。如果纯粹以个人的喜好来选择交往的对象，那么你就只能生活在一个非常狭窄的小天地里。因此，我们要学会与不同性格的人和谐相处，能容忍别人的缺点和不足，拥有容人的雅量是一种美德。

在现实生活中，有些人性格和癖好确实令人憎恶和讨厌，但这并不等于一定要与他为敌，更不应置之死地而后快，而是要多发现他的闪光点，多鼓励少打击，多表扬少批评，多容忍少排挤，多善意少诽谤。相反，一味地揪住别人的错误和不足不放，这对别人是一种伤害，同时更会显得自己心胸太过于狭隘。

服装业巨子施瓦茨就是因为能够容忍别人的无礼、怪僻等诸多不足才走向成功的。

他在创业初期，有一次拿着样品经过一家小店，却无缘无故被店主讥讽嘲笑了一番，说他的衣服只能堆在仓库里，再过几年也不可能卖出去。施瓦茨面对这样的侮辱并没有反唇相讥，而是诚恳地向对方请教。结果发现那位店主说得头头是道。施瓦茨大为吃惊，愿意以高薪聘用他，然而他不但不领情，又讽刺了施瓦茨一番。

施瓦茨并没有放弃说服这位小店主。他运用各种方法打听，才知道这位小店主居然是一位极其杰出的服装设计师，只是因为他性情怪僻而与多位上司闹翻，一气之下才发誓不再设计，改行做了商人。

施瓦茨弄清楚事情的真相后，三顾茅庐，并且诚心请教。这位设计师仍然是劈头盖脸地骂他。然而施瓦茨不以为然，还是经常找他聊天并给予热情的帮助。

最后，这位设计师终于被打动，答应“出山”。但是条件非常苛刻，其中包括他一旦不满意便可更改设计图案、允许他自由自在地上班。果然，这位设计师经常顶撞施瓦茨，让他下不了台，但这位设计师创造的效益也是巨大的，帮助施瓦茨建立了一个庞大的服装帝国。

能够宽容别人、可以和各种人相处，更能反映出一个人的人格修养和广阔胸襟。生活在这样一个复杂的社会中，我们更需要宽容，因为只有宽容才会发现别人的长处，才能够更好地与人合作。

学会宽容，学会大度，是我们每个人生活中的必学的一课。那些整天被不满、怨恨心理所控制的人才是最痛苦的，学会宽容也是善待自己的一种方式。

有这样一位年轻人，从农村考进大学。大学毕业后，他被分到了县城的一所高中当老师，他是一位非常懂得对朋友宽容的人。

他有一个朋友嗜酒如命，有酒必醉。酒后失控，常常闹得家人整夜难安。因为这个缺点，很多朋友都远远地躲着他。只有这位老师，每次都能奉陪到底，并且尽力地阻止他酒后的一切不合理的行为，还把他安全地送回家中。

还有一个性格极其暴躁、语言也刁钻刻薄的朋友。朋友聚会时，有时某个人的某句话就会惹得他大发雷霆，甚至摔杯子、掀翻桌子，或者突然说出几句刻薄的话，让别人丢尽颜面、无地自容。后来，很多朋友都对他敬而远之。在这种情况下，只有这位老师依然同他保持着良好的友谊。

有些人对这位老师很不理解，背后也常有微责之词，甚至有人说："能和那种人是好朋友，你身上也一定有那种人的不稳定因素。"但不管别人怎样看，他总是说："每个人都有自己的个性，每个人身上都有着别人不喜欢的东西。但我们能成为朋友，那是因为我们身上都有各自喜欢的东西。何不多容忍一点，容忍我们所不喜欢的，珍惜我们喜欢的呢？"

就因为他的容忍，他身边的朋友才会越来越多。每当有什么新的机遇，每当他个人有什么困难，这些朋友都会积极围拢过来。有钱的出钱，有力的出力，有智谋的出谋划策，以至于他的人生之路越走越顺，他的生活也越来越丰富多彩。

很多人都苛求完美，其实，世界上没有十全十美的事，人也一样。所以，只有懂得容忍，才能增添自己的人格魅力。

当然，我们在发现别人的缺点时，若是真心想帮别人改正的话，我们可以采取比较温和的态度，用较能让人接受的办法来帮别人改正，而不要在大庭广众之下，让人难堪，否则好心反而办坏事。

放下计较，幸福不请自来

有人曾说："世界上最宽阔的是海洋，比海洋更宽阔的是天空，比天空更广阔的是人的心灵。"

生活中难免会有冲突矛盾，如果我们太过于计较，一心想着报复，那么我们肯定也不会幸福。就算是报复得逞，也无法挽回我们当初的损失，反而得不偿失。

当我们和别人磕磕碰碰时，不妨换一个角度来看，碰撞可能会使我们受伤，但也可能激发出美丽的火花。所以，对鸡毛蒜皮的小事不妨付诸一笑。一旦丢掉了斤斤计较的心理包袱，我们的心情也会变得轻松愉快，就能在事业上走得更远。

艾森豪威尔出生在一个非常贫穷的家庭里，父亲在一家化工厂打工，工作任务繁重，收入却很微薄。全家都靠着父亲那点微薄的收入过日子。

尽管家里的处境很是艰苦，父母还是坚决让孩子们上学读书。因为知道读书的机会来之不易，所以父母非常严厉地要求他们，要求他们遵守学校里的规矩，千万不要惹事生非。

父亲给他讲过一个真实的故事，是他本人的故事。

早些年，父亲结婚时，他的爷爷曾送给他一个农场作为礼物，但是艾森豪威尔父亲不喜欢种地，于是将地变卖后与一个朋友合伙做了生意。那年刚好国家发生饥荒，心地善良的父亲便将自己店里的商品都赊给了难民。那个与父亲合伙的朋友知道父亲这样下去商店肯定会亏本，于是带上剩余的钱财跑了。

当时父亲感到非常绝望，债务也只得父亲自己还清了，他曾想着找到那个朋友，狠狠地揍他一顿或是把他送进监狱。因为这件事害得自己妻儿都跟着他受苦，父亲觉得非常愧疚，也非常憎恨那个朋友。可是事情过了这么多年，他也慢慢淡忘了。事情已经这样了，而且这些年来债务也偿还得差不多了，所以他也不想再憎恨那个朋友了。因为心里没有了恨意，所以日子也就过得轻松快乐。

讲完这个故事，父亲对艾森豪威尔说："人和人之间没有必要事事都跟别人斤斤计较，有一颗宽容之心会活得更快乐。"父亲的话一直留在艾森豪威尔的心里，原本性格比较要强的他，再受到其他哥哥们的欺负时，他很少像以前那样粗暴地回击，而是心存宽容。后来艾森豪威尔退役担任哥伦比亚大学校长时，也经常教导他的学生们要学会宽容。

从这个故事中，我们可以感受到艾森豪威尔父亲的宽广胸襟，亦可以看到他对儿子日后的成长所产生的巨大影响。父亲的大度之心教会了年少的艾森豪威尔与人相处的道理，用自己的行动为儿子树立了一个良好的榜样。艾森豪威尔的成功无疑与父亲的教诲有着密切的关系，而宽容的艾森豪威尔也影响到了无数的西点军校的学生们。

拥有不同的生活经历、兴趣爱好、文化背景和性格的人组合在一起，形成了一个个或大或小的集体。在这样的环境里要营造和谐的人际关系，对于每一个人来说，都是一个无法回避的问题。

如果你非要斤斤计较的话，随便就可以找到四五件让人生气的事情。例如，被人说闲话、因同事犯错而受连累、遭人冷言讥讽等。有些人不即时发作，却暗自把这些事情记在心里，伺机报复，这种仇恨心理，不单损害对方，更会影响自己的情绪，最后自食其果。有些人能宽容待人，在朋友中受欢迎，在职场中如鱼得水，生活过得顺畅幸福。

其实，如果能够做到严格要求自己，在工作中与他人积极配合，在生活中与人为善，以宽广的胸怀待人处世，不为蝇头小利与人计较，这样的人怎么能不受到佩服和欢迎呢?

所以，在与人相处中还是要本着“宽以待人、胸怀大度”的原则，尽量不要与他人计较琐碎的利益，要目光长远，宽容大度，才能有所作为。

绝不说谎，做个诚实的人

西点军校对诚实十分重视，西点军校的学子们认为说谎是最大的罪恶。每一个西点学员刚一入学，就会接受长达16个小时的“荣誉守则”教育。西点军校的《荣誉守则》非常简短、直接和肯定，第一点就是：“西点学生绝不说谎、欺骗或偷窃，也不容许他人有如此行为。”要求每位学员的每句话都必须是确切无疑的。他们的口头或书面陈述必须保持真实性。故意欺骗或哄骗的口头或书面陈述都是违背《荣誉守则》的。

西点军校学员认为，一个人不单单在军队中应该诚实可靠，在任何其他环境中也应该保持这种品格。同时，西点军校要求学生也不能对自己说谎。只有这样，才是一个真正诚实的人。

如果有人说了谎，必须马上认错。正是这样的严格要求和训练让西点的学员受益匪浅，让他们在许多领域都取得了令人瞩目的成就。西点让我们明白，只有诚实才能长久。

在美国，每年5月2日这一天，孩子们都要举行各种活动，来庆祝这个具有特殊意义的节日——诚实节。关于这个节日有一个悲惨的故事，这个故事与一个名叫埃默纽·旦南的孩子有关。

埃默纽·旦南生于美国的威斯康星州蒙特罗市，他的身世比较凄惨，五岁时父母先后去世，一个名叫诺顿的酒店老板收养了他。养父母对待年幼的旦南态度极为恶劣。尽管如此，埃默纽·旦南仍然尽心尽力地做好家务以及其他力所能及的事。后来，他渐渐发现，养父母对待客户一点都不诚实，总是挖空心思地算计如何坑骗顾客。旦南经常苦劝养父母不要昧着良心赚钱。诺顿夫妇非但不听，还骂他吃里爬外，有时候听得不耐烦了，就顺手给他两巴掌，或者踢他几脚。

一天傍晚，店里来了一个客人。这位客人一进门，就和诺顿夫妇吵了起来。旦南仔细听了听，好像是为了账目问题，养父母和客人正在用最肮脏、下流的语言对骂。又过了不久，只听“啊”的一声惨叫。旦南从楼上跑下来，看见那位客人倒在血泊中，已经被养父杀死了。养父威胁旦南不要向警察说实情，否则会连他一起杀掉。旦南没有被养父凶狠的样子吓倒，他苦苦哀求养父去自首。养父母用皮鞭抽他，但他还是没有妥协，最终被养父母打死。在临死前他还是坚定地说：“不，我是不会说谎的！你们一定要去自首！”

在法庭上，尽管诺顿夫妇百般狡辩，但最后还是以谋杀罪被逮捕，受到了应有的惩罚。

为纪念这个宁死也不肯说谎的孩子，蒙特罗市政府为旦南建造了纪念碑和塑像，并在纪念碑上镌刻：怀念为真理而死的人，他在天堂永生。同时决定将5月2日，也就是旦南死的那天定为“诚实节”。

当然，在大多数情况下，做一个诚实的人并不需要我们付出像旦南那么大的代价。但是，做一个诚实的人，是需要勇气和毅力的。

在当今社会，诚实是衡量一个人基本素质的一个很重要的方面。

一位非常富有但脾气古怪的英国老绅士，想要找一个男孩服侍他的饮食起居，帮他做些琐碎的事情。当然，报酬是很不错的，他唯一的要求是这个年轻人首先必须是一个诚实正直的孩子。他认为“向抽屉里偷看的孩子会试图从里面取出点东西，而在年轻时就偷窃过一分钱的人，长大后总有一天会偷窃很多钱。”

消息传出之后，很快，老绅士就收到20多封求职信。他要对这些孩子进行考核，只有符合要求的人才能得到这份工作。经过严格的筛选，最后只有四个人符合初步的标准。

四个孩子最后按照老绅士的要求，来到绅士家中参加最后的面试。等他们到那的时候，绅士早就提前为每个孩子准备了一个房间，他要求四个人先进入各自的房间，一会再给他们面试。

第一个孩子进入为自己准备的房间后，看见桌子上摆放着一个罩子，好奇心让他很想知道这个罩子下面放着什么东西，于是他掀起了罩子。一堆非常轻的羽毛飞了出来，于是他赶紧把罩子放下，可是这下更乱了，由于用力过大，其余的羽毛被气流吹得满房间都是。

老绅士在隔壁的房间看得很清楚，结果可想而知，第一个孩子落选了。

第二个孩子进入房间之后，就被一大盘诱人的、熟透的樱桃吸引了。这个孩子心想：这么多樱桃，吃掉一个，别人是不会发现的。于是他就拿起了一颗最大的樱桃放进嘴里，但是这个樱桃的滋味却是辣的，而且非常的辣！原来，这些樱桃都是假的，里面全是辣椒，他忍不住大喊了起来。不用说，第二个孩子也被打发走了。

第三个孩子进入房间后，看到桌子上有个抽屉没有锁，其余的都锁着。于是，他想拉开那个抽屉看看里边放着什么东西。但是他刚刚把手放在抽屉的把手上，就响起了一阵铃声。老绅士生气地把他赶出了房间。

最后一个进入房间的男孩名叫哈里。他在房间的椅子上静静地坐了20分钟，什么也没有动。半个小时后，老绅士非常满意地告诉他："诚实正直的孩子，你被录取了！"

接着，老绅士问道："屋里那么多新奇的东西，难道你不想动一下或者探个究竟吗？"

"其实我也很好奇，但是，先生，我答应过，在没有得到您的允许之前我是不会乱动的。"哈里回答道。

后来，哈里一直服侍老绅士直到他去世，绅士去世之后，哈里得到了很大一笔遗产，这是老绅士对哈里优秀品格的肯定和奖赏。

看来，不管是什么样的人都喜欢诚实的品性。如果你想博得他人的好感，就得努力地培养自己的这一品性，千万不要为了一时的利益而说谎，否则到头来只会害人害己。

在纽约的河边公园里矗立着南北战争阵亡战士的纪念碑，每年有许多游人来祭奠亡灵。美国第十八届总统、南北战争时期担任北方军统帅的格兰特将军的陵墓坐落在公园的北部。陵墓高大雄伟、庄严简朴。在格兰特将军的陵墓后靠近悬崖边的地方有一座小孩的陵墓。那是一座极小极普通的墓，你可能会忽略它的存在。但就是这个小小的地方却记载着一个关于诚信的故事。

这个故事发生在1797年。这一年，这片土地的小主人才5岁，因不慎从悬崖上坠落而身亡。其父伤心欲绝，将他埋葬于此，并修建了这样一个小小的陵墓，以作纪念。

数年后，家道衰落，老主人不得不将这片土地转让。出于对儿子的爱，他对今后土地的主人提出一个奇特的要求，他要求新主人把孩子的陵墓作为土地的一部分，永远不要毁坏它。新主人答应了，并把这个条件写进了契约。这样，一个幼小灵魂的墓碑就长眠于此了。后来的百年间，承载着幼小灵魂的这片土地已多次转手、变卖，大家都小心地守护着这个久远的承诺。

到了1897年，这片风水宝地被选为格兰特将军陵园。政府成了这块土地的主人，无名孩子的墓地在政府手中完好无损地保留下来，成了格兰特将军陵墓的邻居。一个伟大的历史缔造者之墓，和一个无名孩童之墓毗邻，这可能是世界上独一无二的景观，这个景观源于一代又一代人的诚信和承诺。

历史的车轮又碾过了一百年。1997年，为了缅怀格兰特将军，当时的纽约市长朱利安尼来到这里。那时，刚好是格兰特将军陵墓建立100周年，也是小孩去世两百周年的时间，朱利安尼市长亲自撰写了这个动人的故事，并把它刻在木牌上，立在这个小孩的陵墓旁边，让这个关于诚信的故事世世代代流传下去……

这不仅是某些人的诚信，这是一个传承几百年不破的承诺，正显现出一个民族的诚信精神。

一个言行诚实的人，有正义真理做后盾，能够毫不畏缩地面对世界。而一个说谎话的人因为不诚实，所以不能够与人长久地相处；说谎的人因不具有合作与团队精神，所以不能实现成功的愿望。再者，一个不诚实的人也会深受内心折磨，难以自拔。

真正聪明的人都是比较谨慎而诚实的人，因为他们不仅希望公正对待别人，而且更渴望别人公正地对待自己。他们知道，他们所传达的每一个思想，他们所采取的每一个行动，都会得到他人相似的思想或行动。他们知道，只有自己真诚待人，才能得到他人的真诚对待。

要懂得欣赏别人

在西点军校中，每一位军人并非是人们想象中的那般冷酷无情，相反，西点军校要求每一个学生都要学会发现和欣赏他人身上的优点，只有这样才能成为正直、谦逊、热情有礼的军人。

西点的教官们深信，如果你认为一个人是优秀的，你就会从他身上找到好的人格品质；如果你不这样认为，那也就无法发现他人身上潜在的优点；如果你本身的心态是积极的，就容易发现他人积极的一面。在不断提高自己的同时，也别忘了培养欣赏和赞美他人的优点，认识和发掘他人身上优秀的特质，并赞美它。

当你能够从他人身上看出优秀的品质，并由衷地欣赏并赞美他时，你才能真正赢得友谊和赞赏。

圣诞节临近，美国芝加哥西北郊的帕克里奇镇到处洋溢着喜庆热烈的节日气氛。

正在读中学的谢丽拿着一叠不久前收到的圣诞贺卡，打算在好友希拉里面前炫耀一番。谁知希拉里却拿出了比她多十倍的圣诞贺卡，这让她羡慕到了极点。

“你怎么有这么多？有什么诀窍吗？”谢丽惊奇地问。

于是，希拉里给谢丽讲起了一段往事：

一天中午，我和爸爸在公园散步。在那里我看见了一位很滑稽的老太太。天气那么暖和，她却紧裹着一件厚厚的羊绒大衣，脖子上还围着一条毛皮围巾。我轻轻地拽了一下爸爸的胳膊说：“爸爸，你看那位老太太的样子多可笑呀。”

当时爸爸的表情特别严肃。他沉默了一会儿说：“希拉里，我突然发现你缺少一种本领，你不会欣赏别人。这证明你在与别人的交往中少了一份真诚和友善。”

爸爸接着说：“那位老太太穿着大衣，围着围巾，也许是大病初愈，身体还不太舒服。但你看她的表情，她注视着一朵漂亮的花，表情是那么生动，你不认为很可爱吗？”

爸爸领着我走到那位老太太面前，微笑着说：“夫人，您赏花时的神情真的令人感动，您使春天变得更美好了！”

那位老太太似乎很激动：“谢谢，谢谢您！先生。”她一边说着，一边从包里取出一小袋甜饼递给了我：“你真漂亮……”

学会真诚地欣赏别人，因为每个人都有值得我们欣赏的优点。当你这样做了，你就会获得很多。

希拉里正是按照父亲的话去做的，她能够真诚地欣赏别人，自然也得到了许多回报。希拉里是西点军校学员的偶像，她的一举一动都在影响着这群骄傲的年轻人。

台湾著名作家林清玄，在读高二时被记了两次大过，两次小过，甚至曾经被赶出宿舍。很多老师对他都很失望，但他的国文老师王雨苍却常常把他带到家里吃饭，有事请假时，还让林清玄代替他给同学们上国文课。王老师对他说："我教了50多年书，一眼就看出你是个能成大器的学生。"这句话，让林清玄非常感动。为了不辜负老师的一片苦心，他开始用心读书。

最终，林清玄成了著名作家。

一天，林清玄路过一家羊肉馆，一个陌生的中年人热情地叫住他。他以为是一般的读者，打了声招呼就继续往前走。中年人跑过来拉着他，说："林先生一定不记得我了。"林清玄说："很对不起，真的想不起在什么地方见过你。"

中年人说起20年前他们会面的情景。当时林清玄在一家报馆做记者，写社会新闻。有一天，警察抓到一个小偷。据警察介绍，这个小偷手法高明，犯案千件却是首次被捉。一些被偷的人家，几星期后才发现家中失窃。

在动乱时代，像他这么"专业"的小偷是非常少见的。林清玄不禁对他产生了兴趣，于是采访了他。小偷很年轻，长相斯文，目光锐利。他拍着胸脯对警察说：“大丈夫敢做敢当，凡是我做的我都承认。”警方拿出一叠失窃案的照片让他指认，有几张他一看就说：“这是我做的，这正是我的风格。”有一些屋子被翻得凌乱的照片，他看了一眼就说：“这不是我做的，我的手法没有这么粗。”

也许是林清玄继承了老师欣赏别人的优点，他写了一篇特稿，文中非常感慨地说道：“像心思如此缜密、手法这么高明、风格这样突出的小偷，又是这么斯文有气魄，如果不做小偷，做任何事都会有成就的！”

此时站在林清玄面前的羊肉馆老板正是那个小偷。羊肉馆老板诚挚地说：“林先生写的那篇特稿，打破了我生活的盲点，后来我想，为什么除了做小偷，我从没有想过做正当事呢？于是我们开了这家羊肉馆。林先生，哪一天来，我请你吃羊肉呀！”

林清玄应该不会想到20年前的一篇报道，几句欣赏别人的话，竟影响了一个青年的一生，竟使一个堕落的青年走向光明。20年后，当年的小偷已经脱胎换骨，小有成就。如果没有林清玄当年对小偷的“欣赏”，恐怕又将多一个悲剧。

一句话，可以毁了一个人，有时也可以成就一个人。对于一个穷途末路、四面楚歌的人来说，一句关怀、一句赞赏，一句鼓励就像是冬天里的一团烈火，能给人温暖，点燃自信，燃亮自尊；就像是一盏灯，能让人在黑暗中看到前路的光明，使人奋发向上，冲破阴霾，走出困境。

事实上，学会欣赏别人，发现别人的优点，也有利于补充自己的正能量。当一个人学会了发现别人的优点时，他就能够激励自己，树立目标，更有动力，心中也会充满阳光。

人世间不是缺少美，而是缺少发现美的眼睛。只有你学会了怎样去欣赏别人，发现别人身上的美，你的人生之路才会越走越宽阔。

帮助别人，就是拯救自己

社会是由人组成的，每个人都不可能脱离群体而独自生存。在日常生活中，我们都会碰到这样那样的难题，都需要别人的帮助。

作为一个聪明的人，会在别人需要的时候伸出手来拉一把。这样不仅帮助了别人，同时也帮助了自己。因为每个人都是有感激之心的，当你帮助了别人时，别人也会给你一个意想不到的回报。

一年冬天，年轻的哈默随几个同伴来到美国南加州一个名叫沃尔逊的小镇，在这里，他认识了善良的镇长杰克逊。正是这位镇长对哈默后来的成功产生了极为深远的影响。

那天，天下着小雨，镇长门前花圃旁边的小路成了一片泥淖。于是行人就从花圃里穿过，弄得花圃一片狼藉。哈默不禁替镇长痛惜，于是不顾寒雨淋身，独自站在雨中看护花圃，让行人从泥淖中穿行。

这时外出回来的镇长满面微笑地挑回一担煤渣，从容地把它铺在泥淖里。结果，再也没有人从花圃里穿过了。镇长意味深长地对哈默说：“你看，给人方便，就是给自己方便。我们这样做不是更好吗？”

每个人的心都是一个花圃，每个人的人生之旅就好比花圃旁边的小路，而生活的天空不仅有风和日丽，也有风霜雪雨。那些在雨中行走的人们如果能有一条可以顺利通过的路，谁还愿意去践踏美丽的花圃，伤害善良的心灵呢？

后来，哈默在艰苦的奋斗下成为美国石油大王。一天深夜，他在一家大酒店门口被记者杰西克拦住，杰西克问了他一个很敏感的话题：“为什么前一阵子您对东欧国家的石油输出量减少了，而你最大对手的石油输出量却略有增加？这似乎与您现在的石油大王身份不符。”

哈默听了记者这个尖锐的问题，没有立即反驳，而是平静地回答道：“给人方便就是给自己方便。那些想在竞争中出人头地的人如果知道，关照别人的需要只要一点点的理解与大度，却能赢来意想不到的收获，那他一定会后悔不迭。给人方便，是一种最有力量的方式，也是一条最好的路。”

给人方便就是给自己方便，帮助别人就是帮助自己。每个人都会遇到一些挫折，每个人都有需要别人帮助的时候。当别人身处困境时，你伸出双手给予积极的救助，也许你在帮助别人的同时也帮了自己一个大忙，何乐而不为呢？

一个贫穷的小男孩为了攒够学费正挨家挨户地推销商品，劳累了一天的他此时感到很饥饿，但摸遍全身，却只有一角钱。怎么办呢？他决定向下一户人家讨口饭吃。

当一位漂亮的年轻女子打开房门的时候，这个小男孩却有点不知所措了，他没有讨饭，只乞求给他一口水喝。这位女子看到他饥饿的样子，就拿了一大杯牛奶给他。男孩喝完牛奶，问道："我应该付多少钱？"年轻女子回答道："一分钱也不用付。妈妈教导我们，施以爱心，不图回报。"男孩说："那么，就请接受我由衷的感谢吧！"说完男孩就匆匆地离开了。

此时，他不仅感到自己浑身都是劲，而且还看到上帝正朝他点头微笑，那种男子汉的豪气像山洪一样迸发出来。其实，男孩本来是打算退学的。

数年之后，那位年轻女子得了一种罕见的重病，当地的医生对此束手无策。最后，她被转到大城市医治，由专家会诊治疗。当年的那个小男孩如今已是大名鼎鼎的霍华德·凯利医生了，他也参与了医治方案的制定。当看到病历上所写的病人的来历时，回忆霎时间闪过他的脑际。他马上起身直奔病房。来到病房的凯利医生一眼就认出床上躺着的病人就是那位曾帮助过他的恩人。他下决心一定要竭尽所能来治好恩人的病。

从那天起，他就特别地关照这个病人。经过艰辛努力，手术成功了。凯利医生要求把医药费通知单送到他那里，并在通知单的旁边写了一行字。当医药费通知单送到这位特殊的病人手中时，她不敢看，因为她明白治病的费用将会花去她的所有积蓄。最后，她还是鼓起勇气，翻开了医药费通知单，旁边的那行小字引起了她的注意：医药费——一满杯牛奶。霍华德·凯利医生。

当你热心帮助了别人，你才可能在最需要的时候，得到别人的帮助。一杯微不足道的牛奶给了一个小男孩直面困难、坚持学业的勇气，一杯微不足道的牛奶也赢得了一个无价的回报。

“二战”期间，欧洲盟军最高统帅艾森豪威尔乘车回总部，参加紧急军事会议。

那天大雪纷飞，天气极冷，车一路奔驰。忽然，他看到一对法国老夫妇坐在路边，冻得发抖。他立即命令身旁的翻译官下车去问问情况。一位参谋急忙说：“我们得按时赶到总部开会，这种事还是给当地的警方处理吧！”艾森豪威尔坚持说：“等警方赶到，这对老夫妇可能早冻死了！”

原来，这对老夫妇是去巴黎看望儿子，车抛锚了，前不着村后不着店，正不知如何是好。艾森豪威尔立即请他们上车，特地绕道将夫妇送到巴黎后，才赶回总部。

艾森豪威尔根本没想过行善图报，然而，他的善良却得到了意想不到的回报。原来，那天德国纳粹狙击兵已预先埋伏在他们必经的路途中，只等他的车一到就立刻实施暗杀行动。如果不是为帮助那对老夫妇而改变了行车路线，艾森豪威尔恐怕很难躲过这场劫难。

艾森豪威尔将军之所以能够躲过暗杀，是因为他的善良之心。试想，如果当时他没有去帮助这对素不相识的法国夫妇，而是按照原计划行车，恐怕等待他的将是死亡吧。西点军校要求学员应有乐于助人的精神，因为帮助别人就是帮助我们自己。

以退为进，该低头的时候就低头

有的时候，想解决问题，不能“钻牛角尖”，而要学会迂回和放弃，做到“有所不为”。这种“有所不为”，也是衡量一个人目光是否远大的标准。成功人士追求事业发展的方式，往往是迂回曲折的，有时需要适当放弃眼前的短期利益，去获得更有效的解决方法和更好的发展空间。

人生如水，我们应该多一点韧性，能够在必要的时候弯一弯，转一转，因为唯有那些有柔韧和弹性的人，才能够克服更多的困难，战胜更多的挫折，在以后走得更远。

富兰克林是很多西点军人的偶像，他曾经用以退为进的方法使得宪法会议产生分歧的双方达成了一致的意见。

美国的宪法会议在费城举行。会议中，对宪法的通过分为了赞成派和反对派，两派人员之间的讨论非常激烈。由于会议的出席者在人种、宗教等方面的差异很大，利害关系也各不相同，所以整个会议都充满着火药味和互不信任的气氛。两派人员之间的言辞都非常尖锐和刻薄，甚至还夹带着人身攻击。

在这种情况下，会议的谈判面临着即将破裂的局面。这个时候，持赞成意见的富兰克林站了出来，非常从容地对在场的所有人员说：“事实上，我对这个宪法也并非完全赞成。”富兰克林的话刚一出口，会议纷乱的情形就立即停止了，反对派的人士都用怀疑的眼光看着富兰克林。这时，富兰克林稍作了一下停顿，然后他继续说道：“对于这个宪法，我并没有十足的信心，出席本会议的各位代表也许对细则还有一些异议，不瞒各位，我此时也和你们一样，对这个宪法是否正确抱有一种怀疑的态度，我就是在这种心境下来签署宪法的……”

富兰克林的话，使得反对派们无比激动和不信任的态度慢慢平静了下来，他们的心已然同意了富兰克林的看法——就让时间来验证一下宪法是否正确吧！

于是，美国的宪法最后终于顺利地通过了。

试想，如果富兰克林始终坚持自己强硬的态度赞同宪法的话，必然会使双方的争吵愈演愈烈，必然会导致会议的失败。最后宪法之所以能够顺利通过，就在于富兰克林能够适可而止，以退为进。

对于同一件事情，如果你一味地强调它好的一面，就会让对方对你所说的话产生怀疑，就会使对方对你产生不信任感。这个时候你要借鉴一下人类潜在心理的“别扭心态”，采取一种以退为进的迂回方式，你就会获得对方的信任，从而达到预期效果。正是因为富兰克林利用了这个技巧，在开始讲了一些对自己不利但对方却能够接受的话，反而使对方产生了信任感，从而也就获得了成功。

一位顾客从商店买了一件衣服，很快他就失望了：衣服会掉色，把他的衬衣的领子染上了色。他拿着这件衣服来到商店，找到卖这件衣服的售货员，想说说事情的经过，但售货员总是打断他。

售货员解释道："我们卖了几千套这样的衣服，您是第一个找上门来说衣服质量不好的人。"语气里暗含"您在撒谎，别想诬赖我们。"

吵得正凶的时候，第二个售货员走了过来，说："所有礼服开始穿时都会褪色，这很正常。特别是这种价钱的衣服，一分价钱一分货嘛。"

听了这番话，这位顾客差点气得跳起来，心想："第一个售货员怀疑我是否诚实，第二个售货员说我买的是二等品。我快被气死了。我准备对他们说，你们把这件衣服收下，随便扔到什么地方，见鬼去吧。"

正在这时这个部门的负责人出来了。他很内行，他的做法安抚了这位顾客的情绪，使一个被激怒的顾客变成了满意的顾客。首先，这位负责人一句话也没有说，只是非常理智从容地听顾客把话讲完。然后，当顾客讲完后，负责人不仅指出了顾客的领子确实是因衣服褪色弄脏的，而且还强调商店不应当出售使顾客不满意的商品。最后，负责人承认他不知道这套衣服为什么出毛病，并且直接对顾客说："您想怎么处理？我一定按您说的做。"

出乎意料，顾客说："我想听听您的意见。我想知道，这套衣服以后还会不会再染脏领子，能否再想点其他办法。"负责人于是建议顾客再穿一星期，"如果还不能使您满意，您把它拿来，我们想办法解决。

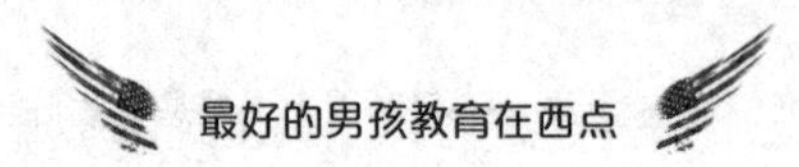

请原谅，给您添了这些麻烦！”

于是顾客满意地离开了商店，七天后，衣服不再掉色了，他完全相信这家商店了。

负责人用以退为进的说服方式赢得了顾客的信任。从表面看是退，其实是以退为进，通过“退”可以积蓄更大的“进”的力量，就像拉弓射箭，先把弓弦向后拉，目的是为了把箭射得更远。

不管事情有没有错，有时候认错是以退为进的高招。如果你认为自己没有错，就心平气和地出面澄清，坚持自己的立场。但最容易把自己推入困境的方法之一，就是没有使用一致的态度与口径来面对突如其来的暴风雨。因为没有诚恳的态度与坚定的立场，绝对无法真正说服他人。

克拉克是矿冶专业的高材生，他从美国耶鲁大学毕业之后，又进了德国的佛莱堡大学深造，并且拿到了硕士学位。虽然他有着这样的文凭，但当他来到美国西部的一个大矿找工作时，却发现并不像自己想象的那么顺利。

按照预约的时间，克拉克走进大矿主的办公室，准备面试。他先把自己的文凭递上，心想对方看了之后一定会感到满意。可大矿主对此一点兴趣也没有，断然拒绝了他的求职要求。还毫不客气地对他说：“先生，正因为您有硕士学位，所以我就不能聘用您。我知道，你们学了系统的理论，可那些东西并没有什么实用价值，我可用不着这种温文尔雅的工程师。”

原来，这位大矿主并不是什么有学历的人，他是工人出身，一步一步地从基层提拔上来的，后来成为大矿的“掌门人”。此人生性耿直，脾气还很倔犟。由于他自己没有上过大学，所以他不喜欢有学历的人。尤其对那些张口能讲出一大套理论的工程师，更是一点好感也没有。面对应聘时出现的这种尴尬和无奈，聪明的克拉克脑子一转，很快想出了对策。

他微笑着说：“矿主先生，我想向您透露一个秘密，可您得事先答应我一个条件——不告诉我父亲。”大矿主对此颇感兴趣，表示决不泄密。

“说真的，我在德国佛莱堡大学的3年时间一直是在混日子，什么东西也没有学到。”他小声地告诉对方。一听完这话，大矿主的脸马上由“阴”转“晴”，哈哈大笑起来，然后当场拍板：“很好，您被录用了，明天就可以来上班。”

克拉克能够审时度势，灵活应变，他采取了以退为进的策略，以暂时的虚拟的让步说服了矿主。

在人生的道路上一帆风顺，是很多人的梦想。但是，人生的道路是曲折的，没有人能够一帆风顺。有时候，我们应该在能够前进的时候前进，在不该前进的时候适当地退后一步；在应该抬头的时候骄傲地昂起头颅，在困顿落寞时谦卑地低一低头。

给别人面子，自己才会有面子

西点军校的心理学专家认为：每个人都希望自己活得有尊严，每个人都希望别人能够给自己留面子。在人与人的交往中，倘若你懂得维护别人的面子，你将会成为一个处处受欢迎的人。相反，如果你不顾及别人的面子，你将可能会因此承受不友好的待遇，甚至会影响自己的未来前程。

仝晓晔和任湘参加工作那一年，公司一次性地招收了很多大学生，总经理张某专门抽出时间和他们坐谈，并拿着人员名单，说要与大家认识认识，点到谁的名字谁站起来做自我介绍。

开始的时候进行得十分顺利，但点到仝晓晔的名字时，总经理停了下来，皱了皱眉头，然后念出了“工晓华”，但没有人站起来。任湘立马明白了——总经理不认识“仝”和“晔”这两个字，分别念成了“工”和“华”，仝晓晔就坐在她旁边，她赶紧拍了拍仝晓晔，让她站起来。不料，她站起来时说：“张总，我叫仝晓晔，不叫工晓华。”这让总经理感到非常尴尬，气氛一下子就紧张起来了。

看到这种情形，任湘立即站了起来说：“张总，对不起，这是我的错。现在我在总经办实习，这份名单是我打的，因为打印机没有油墨了，所以字迹不清晰，有些字打得不清楚。”

张总立即很大度地说：“咱们是一个大企业，以后不能再出现类似的问题了，如果上报材料出现这种事情就麻烦了，记着散了会就把新墨盒换上。”接着就往下进行了。

其实，任湘根本就没有见过这份名单，只是灵机一动，替人解围，照顾一下领导的面子而已。

但接下来的事情就有点出乎意料了——任湘是那批员工中第一个转正的，工资比别人高一级，两年后就成了总经办副主任。更没想到的是，就在任湘被任命为总经办副主任没几天，仝晓晔来找任湘签字办理辞职手续，理由是感到压抑。

没想到一件很小的事情竟然造成了两个人完全不同的境遇。

任湘非常有洞察力，很理解别人的心理，每个人都是要面子的，所以就及时地给上级一个台阶下。后来，总经理出于感激自然也给足了这个临时帮自己解围的任湘的面子。而那个仝晓晔则由于不懂得维护他人的面子，自然在日后与人相处中感到压抑，最后不得不辞职。

如果两人能力相当，一个让别人失了面子，一个却及时地挽回了他人的面子，导致了二个人完全不同的命运，其实也显示出了“面子”的重要意义。

丈夫请妻子到餐馆吃生日餐，有道菜是“蚂蚁上树”，可端来的菜盘里只有粉丝不见肉末。

妻子故作不知，问服务员：“服务员，这道菜叫什么？”

服务员回答道：“蚂蚁上树。”

“怪了，怎么只见树不见蚂蚁？”妻子有些得理不饶人。

面对一声高过一声的诘问，服务员感到十分窘迫。

丈夫见状，马上接过话来："老婆，大概蚂蚁太累了，还没爬上来。服务员，麻烦你给我们换一盘爬得快的蚂蚁，要知道时间就是生命呀！"

服务员如释重负，赶紧为他们换了一盘名副其实的"蚂蚁上树"。

丈夫的话幽默风趣而又大度，既缓解了紧张的气氛，又让双方都找到了体面下台的契机。

妻子听了他的话，展颜一笑；服务员呢，则带着感激的心情，想办法弥补过失。这样机智处理问题的人，才是睿智成熟的交际高手。

每个人都有自尊心和虚荣心，都会注意自己社交形象的塑造。在这种心态支配下，倘若你让别人下不了台，别人也会对你产生比平时更为强烈的反感。同样，你若为他提供了"台阶"，使他保住了面子，维护了他的自尊，他会对你更为感激，产生更强烈的好感。所以说"予人玫瑰，手有余香"，你给了别人尊重，也会收获别人的尊重。

几年前，通用电器公司面临着一个需要慎重处理的问题：免除查尔斯·史坦恩梅兹担任计算部门主管的职务。这个人在电气方面是一流的专家，可是，在担任计算部门主管的工作中却显得很吃力。

那么，直接下达免职令，解除他的职务吗？当然不能，公司少不了他，而且他又特别敏感，容易激动。最后，公司给了他一个新头衔。让他担任"通用电器公司顾问工程师"；工作是和以前一样，只是换了个头衔。与此同时，他们也巧妙地让另外一个合适的人担任了计算部门的主管，最后就这样圆满地解决了这个问题。

给人留面子，这一点是多么重要！而我们却很少注意这一点。我们常常无情地无视别人的面子，伤害了别人的自尊心，抹杀了别人的感情，而且很多时候还表现得非常自以为是。其实，只要冷静地思考一两分钟，说一两句体谅的话，对别人的态度宽大一些，事情的结果可能就大不一样了。

第 6 章

学习课——打破陈规，敢于突破既有经验

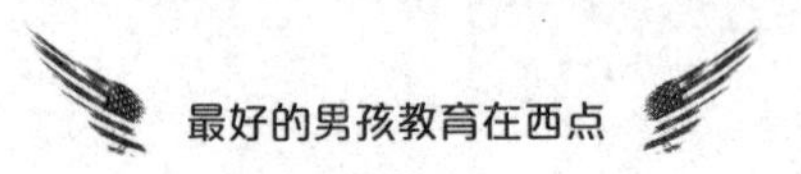

终生拼搏，终生学习

西点军校约翰·科特上尉曾说：“勇敢地面对挑战，并且大胆地采取行动；然后坦然地面对自己，检讨这项行动之所以成功或失败的原因。从中吸取教训，然后继续向前迈进，这种终生学习的持续过程将是你在这个瞬息万变的环境中的立足之本。”无止境地学习，是每一个智者所必需的。人要想不断地进步，就得活到老、学到老。

人类几千年积累下来的知识文化，我们不可能在短时间内理解通透。毕竟人的生命是有限的，而知识是无穷的。尤其在当今这个时代，世界在飞速发展，知识更新的速度日益加快。据说现在一个人一年的信息接收量相当于17世纪英国一个农场主17年的阅读量的总和。人们要想适应千变万化的世界，就必须努力做到活到老、学到老，要有终身学习的态度。何况现代社会知识寿命大为缩短，知识淘汰的速度正在逐渐加快。一个人如果不及时更新自己的知识，很快就会进入所谓的“知识半衰期”，很快就会被淘汰。人的能力就像蓄电池一样，会随着时间逐渐流失。所以，人们需要不断“加油”“充电”，不及时“充电”很快就会在现代社会中失去能量。

在西点军校曾经发生过这样一件事情。

大学期终考试的最后一天。在教学楼的台阶上，一群工程学高年级的学生聚在一起，正在讨论几分钟后就要开始的考试。这是他们参加毕业典礼和工作之前的最后一次测验了。

一些人在谈论他们现在已经找到的工作；另一些人则谈论他们将会得到的工作。他们带着经过四年大学学习所获得的自信，感觉自己已经准备好了，并且跃跃欲试。

他们知道，这场即将到来的测验将会很快结束，因为教授说过，他们可以带他们想带的任何书或笔记。要求只有一个，就是他们不能在测验的时候交头接耳。

他们兴高采烈地冲进教室。教授把试卷分发下去。当学生们注意到只有五道题时，脸上的笑容更加肆意了。

几个小时很快就过去了，教授开始收试卷。学生们看起来不再自信了，他们的脸上是一种恐惧的表情。没有一个人说话，教授手里拿着试卷，面对着整个班级。

他俯视着眼前那一张张焦急的面孔，问道：“完成五道题目的有多少人？”

没有一只手举起来。

“完成四道题的有多少？”

仍然没有人举手。

“三道题？……两道题？”

学生们开始有些不安。

“那一道题呢？当然有人完成一道题的。”

但是整个教室仍然很沉默。教授放下试卷，“这正是我期望得到的结果。”他说。

“我只想要给你们留下一个深刻的印象，即使你们已经完成了四年的工程学习，关于这项科目仍然有很多的东西你们还不知道。这些你们不能回答的问题是与每天的普通生活实践相联系的。”然后他微笑着补充道：“你们都会通过这个课程，但是记住——虽然你们现在已是大学毕业生了，但是你们的教育还只是刚刚开始。”

随着时间的流逝，教授的名字已经被遗忘了，但是他教的这堂课却没有被西点学子遗忘。

是的，虽然大学毕业了，但毕业后的教育才只是刚刚开始。不论处于什么年龄阶段，我们都应该抱着要时刻努力学习的态度。而且学习是没有早晚之分的，只要开始永远都不迟。

晋平公是春秋末期晋国的君主。他晚年的时候想学一些知识，可是总觉得自己已经老了。

有一天，他向乐师师旷求教说：“我现在已经70多岁了，很想学些知识，恐怕太晚了吧？”

师旷回答：“晚了，为什么不点蜡烛呢？”晋平公没有听懂他的话，生气地说：“哪有为臣的这样戏弄君王的！”

师旷解释：“我怎么敢跟您开玩笑！我曾听人说过：少年时爱好学习，就像日出的光芒；壮年时爱好学习，就像太阳升到天空时那样明亮；到老年时还能爱好学习，就像点燃蜡烛发出的光亮。蜡烛的亮光虽然微弱，但同没有烛光在昏暗中愚昧地行动相比较，哪一个更好一些呢？”

晋平公听了，恍然大悟地说：“您说得很对！我明白了。”

学习是一生的事情，不论你是少年、青年、中年或者老年，假如你能够意识到这一点，那就赶快行动起来。不论在什么时候学习都不会太晚，而你一旦停止了学习，就意味着你随时有被别人超越的可能，成为落伍者。

没有一本万利的知识。我们每个人，都应该树立终身学习的全新理念，并做到在学习中工作，在工作中学习。真正实现自我完善、自我超越，实现与时俱进，跟上时代发展的步伐。

在离德国科隆不远的西比希城，约翰娜·玛克司夫人可谓远近闻名。

1994年，当时70高龄的她，经过长达6年的刻苦攻读完成了学业，并以优异的成绩获得了科隆大学的教育学硕士文凭。

玛克司夫人又在79岁时完成了长达200页的博士论文，论文的题目是《如何度过晚年——学习使老人永远充满活力》，最后被科隆大学授予教育学博士学位。

居住在这个城市里的人们，无不对这位孜孜不倦的老人赞叹不已，由此玛克司夫人还当选为该城“最伟大女性”。后来，玛克司夫人作为嘉宾，参加了德国著名电视主持人迪沃累克主持的脱口秀节目。于是全国的观众都认识了这名戴着大框架眼镜、说话有条不紊又颇富幽默感的

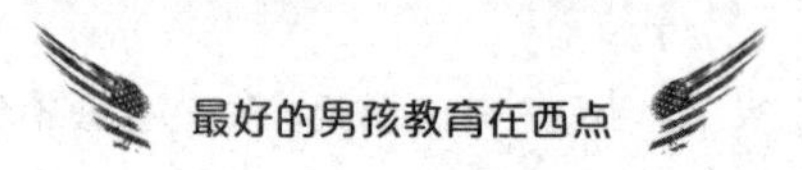

老人。

玛克司夫人退休之前长期在一家公司任职，是个非常活泼开朗的人。退休之后，不甘寂寞的她先是上了一个法语班。后来在报上看到科隆大学招收老年大学生的广告，便勇敢地报名成为正式大学生，当时她已满65岁。

据说，第一学期的学习让她很难适应。因为以前上学时，课程和课表都是由学校或教师制定的，而这次一切都需要自己安排。在渡过最初的难关之后，她越学劲头越大，而且凭借着年轻时积累的丰富知识和打下的良好的学习基础，成绩居然在班上遥遥领先。平时她和年轻人一样身穿运动装或牛仔服，还常常和同学们一起参加游戏或体育运动。她坚持每周参加一次。她在入学的第三年就学会了电脑操作，还积满了所需要的学分。不过，她并没有忘记忙里偷闲回家操持家务，并尽量抽空陪丈夫吃饭。同学们惊奇地发现，在她念书期间，竟然做到了学习、家庭两不误！

玛克司夫人的博士论文研究的是老年妇女如何才能安度晚年。玛克司夫人曾深入多个养老院和普通家庭，采访了34名终身学习的老年妇女。由于是同龄人，她们几乎毫无例外地向玛克司夫人倾诉了进入老龄之后感觉到的孤独、失落等负面情绪。而正是老年时代孜孜不倦的学习，她们的晚年生活才会变得很充实和快乐，有的还因此克服了酗酒、吸毒或依赖药物。玛克司夫人认为，进入老年后大脑的“锻炼”尤为重要，如背诵歌词和外语单词就是很好的锻炼大脑的方式。

面对着时光的流逝，玛克司夫人并没有因为年龄而停下继续学习的脚步。相反，她能够活到老、学到老，并从中获得了快乐，也受到了人们的爱戴，成为了世人学习的楷模。

成功的方法有很多，但都离不开学习。也可以这样说，终生学习才是走上成功的最好捷径。如果仅仅满足于已经学到的知识，从而停止了学习，再优秀的人也无法取得真正的成功。不进则退，这是永恒的真理，否则只能最终被社会所淘汰。

其实，学校里学到的东西只是冰山一角，在工作中和生活中还有相当多的知识与技能要我们学习，等到积累了一定的知识量才能在实践中应用自如。正如西点校训所说：“强化知识更新，树立‘终身受教育’的观念，已成为时代的呼唤。”所以，我们更应尽早树立终生学习的理念，才可能在激烈的竞争中拥有一席之地。

勤能补拙是良训，一分辛苦一分才

自古以来，勤奋的优良品性一直被人广为传颂。李商隐留有“历览前贤国与家，成由勤俭败由奢”的名言，达·芬奇则说：“勤劳一日，可得一夜的安眠；勤劳一生，可得幸福的长眠。”可见，古今中外，勤奋都在人的一生中起着举足轻重的作用。

一位魔术大师在苏丹面前表演魔术，他的魔术表演使得苏丹赞赏不已，惊异地称其为天才。这时候，有一个大臣很不知趣地说："陛下，大师可不是从天上掉下来的，这位大师的技艺是他多年以来勤于苦练的结果呀！"

苏丹被大臣的反驳扫了兴趣，于是就非常轻蔑地说道："你没有任何才能，你到城堡里去吧！在那里你要好好反思一下我说的话。为了使你不至于寂寞，我送给你两只小牛犊作伴。"

从被禁的第一天开始，这个大臣就抱着小牛犊练习爬台阶，从第一个台阶直到塔顶。几个月后，小牛犊越来越大了，这个大臣的力气也不知不觉地增长了。

一天，苏丹突然想起了他的大臣还被关在城堡里，于是就亲自去看他。当苏丹见到大臣的时候，他感到非常惊奇："真主呀，这是多么的不可思议，多么神奇呀！"

原来，这位大臣正用双手捧着一头大公牛，说着以前对苏丹说过的那些话："陛下，大师可不是从天上掉下来的，我的力量是我勤奋练习的结果呀！"

一份汗水，一份收获，没有耕耘就没有收获。这世上没有轻而举就能学到的本领，也没有不费一丝力气就能得到的收获。勤能补拙是良训，一分辛苦一分才。

他每天都几乎做着同一件事：天刚刚放亮，他就伏在打字机前，开始一天的写作。这个人就是美国著名的恐怖小说大师斯蒂芬·金。

斯蒂芬·金的经历十分坎坷，他曾经潦倒得连电话费都交不起，电

话公司因此掐断了他的电话线。

后来，他成了世界上著名的恐怖小说大师，整天稿约不断，常常是一部小说还在他的大脑中储存着，出版社高额的订金就支付给他了。如今，他已经很富有了。可是，他的每一天，仍然是在勤奋的创作之中度过的。

在斯蒂芬·金看来，成功的秘诀很简单，只有两个字：勤奋。一年之中，他只有三天不写作。这三天是：生日、圣诞节、国庆节。勤奋给他带来的好处是永不枯竭的灵感！

勤奋是点燃智慧的火把，也是事业成功的基石。伟大的科学家爱因斯坦曾说过："在天才和勤奋两者之间，我毫不迟疑地选择勤奋，勤奋几乎是世界上一切成就的催产婆。"

美国著名专栏作家乔治的第一份工作是在一个小镇上当老师，薪水十分微薄。其实，他有自己的优势：教学基本功不错，还擅长写作。乔治一边抱怨命运的不公，一边羡慕那些工作体面、薪水优厚的同学。这样一来，乔治不仅对工作提不起兴趣，写作也变得索然无味，一天到晚琢磨着跳槽，希望能有机会找到一份较好的工作。

两年的时间一晃而过，乔治的本职工作干得一塌糊涂，写作上也一无所获。这期间，他试着联系几家自己向往已久的公司，但没有一家公司愿意接纳他。

正在乔治心灰意冷的时候，一件平常的小事彻底改变了乔治的生活状态。那天学校开运动会，这对当时精神生活极其贫乏的小镇无疑是件大事，因而前来观看的人络绎不绝，小小的操场被围得水泄不通。乔治来晚了，他站在人墙后面，使劲踮起脚也看不到里面热闹的情景。

这时，身旁一个矮小的男孩引起了乔治的注意，只见他不知疲倦地一趟趟从不远处搬来砖头，在人墙后面耐心地垒着台子，一层又一层，足有半米高。乔治不知道他花费了多长时间，不知道他因此少看了多少精彩的比赛，但当他登上垒好的台子，朝周围的观众灿然一笑时，那份成功的喜悦却是非常令人向往的。

刹那间，乔治的心震了一下——多么简单的事情啊！要想越过密密的人墙看到精彩的比赛，就要比别人站得更高；要想比别人站得更高，就要不怕辛苦在脚下多垫一些砖头。

从那以后，乔治开始勤奋工作，在工作中比别人付出了更多的汗水和辛苦。很快他被评上了优秀教师，各种令人羡慕的荣誉也纷纷落到他头上。业余时间，他笔耕不辍，作品相继发表，成为多家报刊的特约撰稿人。如今，他已成为一个很有名气的专栏作家。

哲人曾经说过，古罗马有两座圣殿：一座是勤奋的圣殿；另一座是荣誉的圣殿。他们在安排座位时有一个秩序，就是必须经过前者，才能达到后者。

我们清楚地知道无论干哪一行，没有勤奋，都将一事无成。“一千个虚幻辉煌的未来抵不过一个勤奋踏实的现实！”我们只有付出比一般人更多的努力和心血，我们才能积累比别人更多的心得和经验，才能逐渐在众人中脱颖而出。

“黑发不知勤学早，白首方悔读书迟。”勤奋是通往荣誉的必经之路，那些试图绕过勤奋，寻找荣誉的人，总是被荣誉拒之门外。勤奋是一生的事业。只有拥有这样的决心和魄力，才是一个真正勤奋的人，才是一个值得尊敬的人。

求知心切，永远把自己当学生

西点军校有一则校训："求知心切，永远把自己当作学生，问一些傻问题。"在这个世界上，最聪明的人是乐于和善于向别人学习的人。

观察一下周围的人，我们可以发现，凡是善于向别人学习的人，一般进步比较快，而不注意这一点的人，一般进步较慢。

任何一个有大作为的人，都能够放下姿态把自己当作学生，并且努力向他人学习，因为他不是局限于自己的狭隘天地，而总是能够及时地把别人的知识经验转化成自己的财富。

1802年7月4日，托马斯·杰斐逊签署法令，宣告西点军校诞生。杰斐逊是美国第三届总统，也是《独立宣言》的起草人。

1743年，杰斐逊出生在一个富裕的家庭。他父亲是军队里的一名上将，他母亲出身于名门世家。不论是从出身还是从受教育情况来看，他都属于社会的上层人物。当时贵族人士很少与平民百姓交谈。但杰斐逊却不管那一套，他和园丁、佣人、侍应生们交谈。杰斐逊对法国伟人拉法耶特说："你必须像我一样到民众家里去走一走，看一看他们的菜碗，尝一尝他们吃的面包。只要你这样做了，你就会了解到民众不满的原因，并会懂得正在酝酿着的法国革命的意义了。"

同时他的兴趣很广，有着强烈的求知欲。据说他30岁时就能够解释太阳和星球的运动，并能绘制房屋设计图，训练马匹，拉小提琴等。他搞过创造发明，写过书，并开创了各个领域中的人类活动的新纪元。他还是一位农业专家、一位考古学家和一位医学家。他试验作物的轮种法和土地肥力保护法要比社会上正式推行的早整整一个世纪；他还发明了一架比当时更先进、更完善的犁；他经常制造出一些简化人们日常生活的设备。人们对他发明的许多小器械，如一架誊写重要文件的机器、一个指示室内和户外气候的仪器、一张圆转桌和许多其他东西都是记忆犹新的。

熟悉他的人写道："杰斐逊看上去不像总统，倒更像是一位哲学家，他爱好质朴的哲学。在他参加宣誓就任总统的典礼时，他一人独自骑马而来，自己把马拴在栏杆上，然后再去参加典礼，他痛恨'阁下'这一称呼，而坚持让人叫他杰斐逊先生。

"他身长有七英尺多高，精悍强壮。他的衣服好像是太小了，他随随便便地坐在他朋友中间；他的脸很开朗，整个形象是一副松散随便的样子。"

在杰斐逊所有的才能中，有一样是重要的，即他比任何孜孜不倦的优秀作家都更为出色。他的全著共有五十多卷，现已全部出版。当1776年在费城需要起草《独立宣言》时，他的写作天赋很快被发现，他担负起起草《独立宣言》这一重任。千百万人一直为他的话振奋。毫无疑问，杰斐逊的渊博知识和他谦虚的好学精神是分不开的。

实际上，美国历史上有许多成功人士都非常注重向他人学习。西点学子非常仰慕的美国福特汽车公司的创始人亨利·福特也是如此。

亨利·福特非常喜欢学习，从来不耻于向人请教。

福特是农家子弟，但他从小对农事毫无兴趣。他认为，跟在慢吞吞的马后面犁田，实在太浪费时间，所以，他想制造出便捷有效的机械来代替人力、畜力。

有一次，亨利·福特乘马车去底特律。途中，他生平第一次见到一辆不用马拖、自己能行走的蒸汽推动的车子。趁着这辆蒸汽车停下来时，福特向驾驶员问了一大堆有关性能、操作方法的问题。回家后，他做了个木质车身，又用一个2加仑的油桶当作锅炉，试图推动他的非“机车”。

带着这样强烈的求知欲望，1891年，亨利·福特进入爱迪生电灯公司工作，致力于设计自己的“自动马车”。1896年，他的愿望实现了。1899年，亨利·福特成功地制造了三辆汽车，被公认为这一领域的先驱。

福特为什么能够取得如此辉煌的成就呢？这与他虚心求教、敢于创新的精神是分不开的。正是凭着这种精神，他创立了“福特生产方式”——流水线生产。1908年，亨利·福特决定聘请管理专家沃尔·弗兰德斯进厂，协助进行生产方式的变革，并允诺，如果弗兰德斯能在12

个月内生产出1万辆车，就给他2万美元奖金。最后，1万辆车的年度生产目标提前实现了，此时弗兰德斯虽然建立自己的新公司去了，但亨利·福特却从他那里学到了大规模生产所需的技术管理知识。

1913年8月，亨利·福特把“运动中的组装法”推广到总装配线上，此举获得成功，从此大批量流水线生产方式产生了，也使得亨利·福特成为美国人心目中的“民族英雄”。

福特是一个谦虚的人，他懂得时时向别人学习。正是这种精神成就了他，正是这种精神让他能够永远放低姿态把自己当作学生，并且能够时时学习别人的长处，也能包容别人的不足。

西点军校学员认为，善于吸取他人经验的人，首先是一个不会有嫉妒心的人。一旦被嫉妒的心态所左右，思想就会发生畸形改变，眼睛就会被蒙蔽，这些都不利于自身的进步。

那些优秀人士看待比自己成功的人，自有一套方法。他们敬佩、羡慕而不怨恨，模仿而不妨害。他们发现并学习别人的优点，为我所用，以此来充实和武装自己，使自己变得越来越强大。因为他们清楚一点：具有那些优秀人才的特质，才有同别人一较高低的资本。

真正的求知者，除了向比自己优秀的人学习，还经常向那些看起来弱小、贫困、失败的人学习。他们理解“三人行，必有我师”“术业有专攻”的道理，因而不论何种场合，与什么人相处，总是抓住机会了解学习更多的东西。

而对于个体来说，每个人都是一个丰富的独立世界。我们每个人的经验和学识，多半来自于我们熟知的生活环境和人际圈子。一旦脱离我们固有的圈子，就会感到陌生、不解、无所适从。事实上，这也许正是绝佳的学习机会。

打破陈规，敢于突破既有经验

经验是对前人或前事做的不系统总结，一定时期内，经验能指导你成功，但是有时，经验会成为你获取成功的绊脚石。

经验只是人们在现实生活中总结出来的，它并不是固定不变的定律。但是常人所犯的一个毛病就是喜欢依照经验办事。殊不知，许多时候经验是靠不住的。所以，这就需要你敢于突破经验，灵活办事。

据说，大象能用鼻子轻松地将一吨重的行李抬起来，但我们在看马戏表演时却发现，这么巨大的动物，却安静地被拴在一个小木桩上。这是因为它们自幼儿时开始，就被沉重的铁链拴在牢固的铁桩上，这铁桩对幼象而言太沉重了，当时不管它用多大的力气去拉也拉不动。等到幼象长大，力气也增加了，但只要身边有桩，它总是不敢妄动。

长大后的象可以轻易将铁链拉断，但因幼时的经验一直留存至长大，所以它习惯地认为（错觉）“绝对拉不断”，所以不再去拉扯。人类也是如此，虽被赋予“头脑”，但因自以为是而徒然浪费“宝物”，实在是愚蠢。由此可知，人类也因未能排除“固定观念”，而只能以常识性、否定性的眼光来看待事物，白白浪费大好良机。除了这种静止地

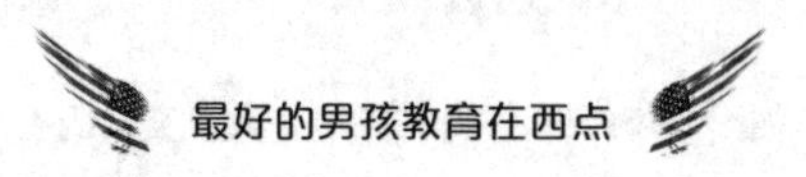

看待自己的错误外，用僵化和固定的观点认识外界的事物，有时也会带来危害。

一艘远洋海轮不幸触礁，沉没在汪洋大海里。其中的9名船员拼死登上一座孤岛才得以幸存下来。

但接下来的情形更加糟糕，岛上除了石头，根本就没有任何东西可以用来充饥。更为要命的是，在烈日的暴晒下，每个人都口渴难耐，水成为了最珍贵的东西。四周都是海水，但所有的人都知道，海水又苦又涩又咸，根本不能用来解渴。现在9个人唯一的生存希望就是老天爷下雨或别的过往船只发现他们。

等呀等，没有任何下雨的迹象，天际除了海水还是一望无边的海水，没有任何船只经过这死一般沉寂的荒岛。慢慢地，他们支撑不下去了。

8个船员相继渴死，当最后一位船员快要渴死的时候，他实在忍受不住，于是扑进海里，咕嘟咕嘟地喝了一肚子海水。喝完后他一点儿也没觉得海水苦涩，相反觉得这海水非常甘甜，非常解渴。他想：也许这是自己渴死前的幻觉吧。他静静地躺在岛上等待死神的降临。

不知不觉睡了一觉，醒来后他发现自己居然还活着。于是他每天靠喝这岛边的海水度日，终于等来了救援的船只。

后来科学家化验了这里的海水，发现由于有地下泉水的不断翻涌，该处海水实际上是可以饮用的。

谁都知道海水是咸的，根本不能饮用，这是基本的“常识”，正是

因为有这样的常识，8名船员渴死了。是“环境”害死了他们，还是“经验”害死了他们？毫无疑问，是他们潜意识里的所谓“经验”害死了他们。由此可见，在人生的某些时刻是需要我们鼓起勇气打破一些看似确定无疑的规则的，这样才能为我们的人生赢得一个崭新的局面。

习以为常、耳熟能详、理所当然的事物充斥着我们的生活，使我们逐渐改变了对事物的热情和新鲜感，经验成了我们判断事物的唯一标准，“存在的”自然就变成了“合理的”了。随着知识的积累、经验的丰富，我们变得越来越循规蹈矩，越来越老成持重，于是创造力丧失了！于是想象力枯萎了！思维定势已经成为人类超越自我的一大障碍。

亨利·福特是一位了不起的人，直到40岁，他的生意才获得成功。在建立了他的事业王国之后，他把目光转向了制造八缸引擎。

他把设计人员召集到一起说：“先生们，我需要你们造一个八缸引擎。”这些聪明的、专业的工程师们知道什么是可做的、什么是行不通的。他们以一种宽容的态度看着福特，好似在说：“让我们迁就一下这位老人吧，怎么说他都是老板。”他们非常耐心地向福特解释八缸引擎从经济方面考虑是多么不合适。福特仍然坚持：“先生们，我必须拥有八缸引擎，请你们造一个。”

工程师们心不在焉地干了一段时间后向福特汇报：“我们越来越觉得造八缸引擎是不可能的事。”然而，福特先生可不是轻易被说服的人，他坚持说：“先生们，我必须有一个八缸引擎，让我们加快速度去做吧。”于是，工程师们必须再次行动了。这次，他们比以前工作得努力一些了，也投入了更多的时间和资金，他们对福特的汇报与上次一样："先生，八缸引擎的制造完全不可能。"

然而，亨利·福特炯炯有神地注视大家说："先生们，你们不了解，我必须有八缸引擎，你们要为我做一个，现在就做吧。"猜猜接下来如何？他们制造出了八缸引擎。

西点军校学员认为，老观念不一定对，新想法不一定错，只要打破心理枷锁，突破思维定势，你就向梦想中的成功迈进了一大步。

充分利用闲暇时光，不要让任何发展自我的机会溜走

爱因斯坦说过："人的差异在于业余时间。业余时间生产着人才，也生产着懒汉、酒鬼、牌迷、赌徒，由此不仅使工作业绩有别，也区分出高低优劣的人生境界。"

美国一所著名大学也曾流行过这样的一句箴言："人的成就，取决于他晚上8点到10点在做什么。"

西点军校前学员团团长麦康尼夫说："闲暇时光如果不用来读书，以积蓄发展自我的力量，而是在无所事事中任其流逝是非常可惜的。"

由此可见，充分利用闲暇时光来发展自己是何等重要。

1903年，英国数学家科尔在一次数学年会上通过自己的论证，成功地破解了一道数学难题，就是2的67次方减1到底是不是人们猜想的质数，科尔的成功获得了全场热烈的掌声。当时，有人问科尔："您论证这个课题花了多少时间？"科尔回答说："3年内的全部星期天。"

星期天，每个人都有，但许多人并不珍惜它。同样的星期天在科尔的眼里却无比珍贵，他把它们充分利用起来，从而使自己成了一位卓越的数学家。

美国前总统威尔逊是西点学子重要的榜样之一。

威尔逊出生在一个非常贫穷的家庭，当他还在摇篮里牙牙学语的时候，贫穷就已经向他露出了狰狞的面孔。威尔逊10岁的时候就离开了家，在外面当学徒工，这一当就是11年，每年只能接受一个月的学校教育。

在经过11年的艰辛工作之后，他终于得到了一头牛和六只绵羊作为报酬。他拿它们换了84美元。他知道金钱来得极为不易，所以绝不肯浪费一分一毫，他从来没有在娱乐上花过一美元，每一美分都是经过精心计划的。

在他21岁之前，他已经设法读了1000本好书——这对一个农场里的孩子，是多么艰巨的任务啊！在离开农场之后，他徒步到100英里之外的马萨诸塞州的内蒂克去学习皮匠手艺。他风尘仆仆地经过了波士顿，在那里他可以看见邦克希尔纪念碑和其他历史名胜。整个旅行他只花费了一美元六美分。

在他度过了21岁生日后的第一个月，就带着一队人马进入了人迹罕至的大森林，在那里采伐圆木。威尔逊每天都是在天际的第一抹曙光出现之前起床，然后就一直辛勤地工作到星星出来为止。经过一个月夜以继日的辛劳之后，他获得了6个美元的报酬。

身处这样的困境，威尔逊下决心，不让任何一个发展自我、提升自我的机会溜走。很少有人能像他一样深刻地理解闲暇时光的价值。他像抓住黄金一样紧紧地抓住了零星的时间，不让一分一秒无所作为地从指缝间白白流走。

12年之后，他在政界脱颖而出，进入了国会，开始了他的政治生涯，最终登上了总统的宝座。

威尔逊之所以能够取得成功，登上权力的顶峰，这与他能够充分利用闲暇时光勤奋学习是分不开的。试想一下，如果他像别人一样整天游手好闲，不务正业，又怎么会有出众的才能，怎么能够当上举世瞩目的美国总统呢？

很久以前，有两个道士分别住在左右相邻的两座山上的庙里。这两座山之间有一条河，两个道士每天都会在同一时间下山去河边挑水，久而久之两人成了无话不说的好朋友。

不知不觉四年过去了，有一天左边这座山的道士没有下山挑水。右边那座山的道士心想："他大概睡过头了。"因此就没太在意。可是到了第二天，左边这座山的道士还是没有下山挑水。

一个星期过去了，右边那座山的道士心想："他可能生病了，我要过去看望他，看看能帮上什么忙。"

等他看到老友之后，大吃一惊，因为他的老友正在打太极拳，一点儿也不像生病的样子。

他好奇地问："你已经一个星期没下山挑水了，难道你可以不用喝水吗？"朋友带他走到庙的后院，指着一口井说："这四年来，我每天都会抽空挖这口井，虽然有时很忙，但能挖多少算多少。如今我终于挖出了水，我就不必再下山挑水了，可以有更多的时间练我喜欢的太极拳了。"

正所谓白天求生存，晚上求发展。四年来，左边山上的道士利用业余时间挖了口井，终于可以不必为年龄大时挑不动水而担心了。

在现实生活中，我们要充分利用业余时间充实自己，只有这样才不会为以后而忧愁。一个人如果想要取得事业上的成功，就必须懂得珍惜和利用好业余时间。把业余时间用到与工作有关的方面，使之作为"正业"的补充和延续，这样积少成多，聚沙成塔，肯定会干出一番不错的成绩；把业余时间用到健康的爱好上，能丰富业余生活，增加生活的乐趣。

不管你有多么伟大，都要不断提升自己

西点军校第一任校长乔纳森·威廉斯曾说：“不管你有多么伟大，你依然需要提升自己，如果你停滞在现有的水平上，事实上你就是在倒退。”

在通往成功的道路上，我们每个人都要不断地提升自己。要不断地提升自己，就要勇于找出自己的弱点，并进行批评与反思，这是西点军校历来倡导的优良传统。在实际的训练和学习中，学员们也是这么做的，他们勇于向自己的弱点开炮，深刻剖析自己的弱点，在批评与反思中完善自己，提高自身的团队精神和战斗力。他们将自己降到最低处，而后再重塑一个全新的自己。

西点新学员开始学习管理技巧之前，西点军校先让他们知道自己不懂的地方。让他们将自己变成一张纯净的白纸，从零开始。因为做人最基本的准则，就是要有自知之明。我们应该清楚，在自己擅长的背后还隐藏着哪些弱点，然后尽力怎样将其改正和弥补。无论别人怎样夸奖你，你一定要明白，你还远不是个尽善尽美的人。别人之所以赞扬你，多半是希望你做得更好。所以，我们需要进行不断自我锻炼和自我教育，远离骄傲，战胜自高自大的心理，否则就会毁了我们自己。

阿里是闻名世界的拳击运动员。在18年的运动生涯中，他一共打了61场比赛，创造了56胜5负的惊人纪录，其中有37场是击倒对手。

面对阿里匪夷所思的赫赫战绩，人们用“超人”这个词语来称赞他。在一片赞美声中，阿里也曾经飘飘然过，以为自己真的是不同凡响的超人，幸好，有一位普普通通的空姐，及时给他注射了一针清醒剂。

那次，阿里乘坐一架芝加哥飞往拉斯维加斯的航班。飞机起飞时，空姐要求每位乘客系好自己的安全带。阿里自恃自己的特殊名望，并没有马上按照空姐的要求去做。空姐见状，来到阿里的身边，再次要求他系好安全带。阿里不以为然地说道：“超人是不需要系安全带的。”这位空姐微笑着对阿里说了一句足以让他清醒的话：“超人用得着坐飞机吗？”阿里愣了一下，乖乖地系好了自己的安全带。

从此，阿里不再以超人自居，他知道，一个人无论怎样杰出和卓越，都不可能是无所不能的超人。

“每个人都不可能是无所不能的超人”，每个人都会有自己的不足之处，就算是大名鼎鼎的世界冠军也不例外。

现实中，人最不了解的便是自己。想要更好地了解自己，首先就要学会承认不如人。敢于承认自己不如人，实际上就是敢于承认自己的不足，这是一种期待成长的勇气。从另一个角度来讲，敢于承认不如人也是某种程度上的自信。天外有天，人外有人。一个人不可能方方面面超越别人。每个人都有自己的优势，也都有自己的缺点，只有扬长避短才能算得上机智。

闻一多说过：“我们不怕承认自身的‘弱’，越知道自身弱在哪里，越能够尽力加强它。”虚怀若谷的人不会被头上各色各样的光环所蒙蔽。他清楚自己的长处与弱点。他能虚心接受不同的意见，更能以宽广的胸怀接受他人的批评，甚至为批评自己的人鼓掌。只有承认自己某些方面不行，才能扬长避短，才能不因嫉妒之火而吞灭心中的灵光。

前美国总统艾森豪威尔在具体战役指挥上可能不如巴顿、蒙哥马利，但在协调各方面关系上极具才能。他以坚定、镇静而又平等待人的态度赢得了广泛的信赖和支持。他还善于发现人才，所以蒙哥马利、巴顿、范佛里特等一大批名将，都能为他所用。

每当美国总统艾森豪威尔即将执行一个计划时，他总会把那个计划拿给他的最善于吹毛求疵的批评家去审查。他的批评家们常常会将他的计划批得一无是处，并且决绝地告诉他该计划是不可行的。

有人问他，为什么要浪费时间将计划给一群批评家们看，而不把计划拿给那些赞同他的观点的谋士看。艾森豪威尔则回答说：“因为我的批评家们会帮助我找到计划中的致命弱点，这样，我就可以把它们纠正过来。”

追求成功的西点人，总会尽力发现自己的缺点，并加以改进。人有各种潜能与优势，但是人不可能在任何领域都精通，因为你的精力有限，机遇也有限，所以，你很可能某一方面不如人。因此，你若要想取得成功，不但要有不断学习新知识的渴望，还必须有敢于承认不足的勇气，之后正确地评估自己的目标和能力，然后调适改正。只有这样才能最后胜于人。

找出自己的弱点，向它发起进攻

陀思妥耶夫斯基曾说："倘若你想征服世界，你就得征服你自己。"

无数优秀的西点军人的成功之路，无不是从"把困难当作挑战""把压力视为动力"的自我激励开始的。而我们在实际工作中，却常常想要临阵脱逃、畏缩不前，有时候在迎接挑战的勇气中参杂一些自尊成分。

我们不妨回想一下自己：是否善于发现自己的不足？是否善于发现周围人的优点？是否能够正确看待他人对自己的评价？

阿克曼的成功就是勇敢向自己的弱点挑战的结果。

有一天，阿克曼来到巴黎附近的一座教堂推销保险。他口若悬河、滔滔不绝地向一位老牧师介绍投保的好处。老牧师一言不发，很有耐心地听他把话讲完，然后非常平静地说："听了你的介绍，丝毫没有引起我对投保的兴趣。年轻人，先努力去改造自己吧！"阿克曼大吃一惊："改造自己？"老牧师回答道："是啊，你可以去诚恳地请教你的投保户，请他们帮助你改造自己。我看你是个有智慧的人，倘若你按照我的话去做，将来一定会做出一番成就的。”

阿克曼接受了老牧师的教诲，他策划了一个“批评阿克曼”的集会。集会的目的是让别人能坦率地批评自己，所以他确定了三项原则：1.集会要使人人都能畅所欲言，所以人数不能多，以5人为限。2.为了要让更多的人都有批评的机会，每次邀请的对象不能相同。3.既然是他主动邀请别人来的，别人就都是他的贵宾，一定要热情地招待他们。

一切就绪，他立刻去拜访几个关系较好的投保户，非常诚恳地说：“我才疏学浅，又没有上过大学，因此连如何反省都不会，所以我决定召开批评会，恳请您抽空参加，对我的缺点加以指正。”这些人觉得这种性质的集会很有意思，都很痛快地答应了。

阿克曼批评会终于如期开始，他觉得自己就像是砧板上的一块肉，任人宰割：

——你的个性太急躁了，常常沉不住气。

——你的脾气太坏，而且粗心大意。

——你太固执，常自以为是，这样容易失败，应该多听别人的意见。

——对于别人的托付，你从不知拒绝，这一缺点务必改进。

——你面对的是各种各样的人，所以你必须有丰富的知识。你的知识不够丰富，所以必须加强进修，以成为别人的“生活指导者”。

他把这些宝贵的建议一一记下来，随时反省自己。阿克曼批评会按月定期举行，他发觉自己就像一条蚕正在“蜕变”。每一次的批评会，他都有被剥一层皮的感觉。经过一次又一次的批评会，他逐渐进步、成长。他把在批评会上获得的改进用在每天的推销工作中，业绩直线上升。

从上面的故事中，我们可以看到直面弱点所带来的好处。人生的某些时候，你一定要狠下心来挑战自我，给自我的弱点动刀，或者懂得把自己的弱点转化为优势，这样你才能够走出困境，在人生的战场上立于不败之地。

有一个10岁的美国小男孩，在一次车祸中失去了左臂。他很想学习柔道。于是他拜名师，开始学习柔道。他学习很努力，只是师傅只教了他一招，他有点着急了。于是他终于忍不住问师傅："我是不是应该再学学其他招术？"师傅回答说："不错，你的确只会一招，但你只需要会这一招就够了。"

他虽然不是很明白师傅说的话，但他相信师傅，于是就继续照着练了下去。几个月后，师傅第一次带他去参加比赛。他自己都没有想到居然能轻轻松松地赢了前两轮。第三轮稍稍有点艰难，但对手很快就变得急躁，连连进攻。他敏捷地施展出自己那一招，又赢了。就这样，他出人意料地进入了决赛。

决赛的对手比他高大、强壮许多，也似乎更有经验。他显然有点招架不住，裁判担心他会受伤，就叫了暂停。

比赛重新开始后，对手放松了戒备，他立刻使出了那招，很快就制服了对手，由此赢了比赛，得了冠军。

回家的路上，他鼓起勇气问师傅说："师傅，我怎么就凭一招就赢得了冠军？"师傅答道："有两个原因：第一，你几乎完全掌握了柔道中最难的一招；第二，就我所知，对付这一招唯一的办法是对手抓住你的左臂。"

小男孩将自己的劣势变成了优势。所以说，懂得扬长避短是获取成功的关键。面对自己的弱点，千万不要放弃。生活对我们是很公平的，只要我们有勇气战胜自己，我们就一定会获得生活的奖励。

西点军人认为，挑战自我，就是勇于向自己的弱点和缺点宣战。谁能做到这一点，谁就能不断地完善自我。然而，向别人挑战易，向自己挑战难。伟人能够自觉地向自己的弱点和缺点挑战，向自己心中的"怕"和"懒"二字宣战，他们有跳起来去摘取胜利果实的勇气。

西点军人认为，挑战已不是目的，最终的目的是要"降服自己"，使自己成为一个"必胜者"，成为自己的主人。

倘若你能够像西点军校的军人一样以积极的心态直面自己的人生，勇敢地向自己的弱点开战，你就会发现，上帝的福音总是在你最脆弱的时候和最难的时刻等待着你。

第 7 课

修养课——牢记责任，不为失误寻找借口

把荣誉放在至高无上的地位上

西点军校的荣誉准则是培养领袖人才的精神支柱。“责任”“荣誉”“国家”六个大字，是西点精神的结晶，是西点军人引以为傲的座右铭。其中的“荣誉”，是西点军校对学生在道德行为方面的要求。学生在校期间的一言一行都必须遵循《荣誉准则》和《荣誉制度》的规定。这是西点军校能够培养出高素质领导人才的一个重要的原因。

西点认为，荣誉教育可以激发学员完成学业，取得成就，进而影响学员的一生。

西点教授告诉学生，应该把荣誉放在至高无上的地位，荣誉感的形成有助于完善人格，促进道德的全面发展，高尚的品格是一个人立足的根本。

荣誉的光辉可以照耀人的一生。荣誉是人生中最大的资本，有了它，你才可以赢得别人的信任和尊敬。一个名誉扫地的人，会得到人们的排斥，很难树立良好的个人形象，维护和谐的社会关系。

无论什么时候，年轻人都应该意识到：我们的目的不是一味地获得。作为社会的一份子，我们每个人都不应该向某种低下的社会道德让步而放弃自己的荣誉道德准则。成功之树需要我们用完善的品德去浇灌才能收获果实。有时不是我们缺乏成功的机会，而是我们没有强迫自己去修炼自身的道德品格来把握这些机会。

西点军校1966届的学员中有一个“不幸”的人，他由于过不惯冷峻单调的生活而心慌意乱，跑去参加一个学员的宗教团体晚会，想在那里找到几小时的安慰。当时，他不知道按照章程规定自己也有权利参加这个聚会，他是忍不住偷偷去的，并在自己的缺席卡上填了“批准缺席”。

当晚回到宿舍后，他又回顾了一下自己的所作所为，左思右想总觉得自己犯了罪，于是便向学员荣誉代表坦白交代了。这时他才知道自己有权参加这个聚会，但为时已晚。虽然他的行为一点也没有违反校规，但荣誉委员会认为他有违反荣誉准则的动机，因而第二天就被开除了。

这个决定看起来似乎非常残酷，但是在西点军校，荣誉制度和纪律规定相比而言似乎前者更引人注目，更有权威，也更严厉。背离荣誉准则的处罚也要比违反纪律的处罚来得严重。受不断功利化的大环境影响，现在的很多年轻人，不注重自己的名誉和道德培养，只是重视一些表面化的东西，在名誉上跌倒后才恍然大悟。

每个西点军人都把荣誉看得至高无上。他们说：“我们不会受到社会上一些品行不端的人的影响。我们要坚持西点的道德标准。”

西点军校毕业生蒙哥马利·C·梅格斯说：“我们应该继续执行荣誉准则，因为军事管理者需要更高的荣誉美德。但是，如果法律上的漏洞使犯罪的学员获得自由，我们又如何维护学员的荣誉呢？”

著名的马修·李奇微将军也持有相同的观点。他说：“西点军校一直是美国陆军高尚道德精神的无穷无尽的源泉，是陆军军官中的西点毕业生，把这种精神反复灌输给了全体军官、学员。我认为，这种道德力量是没有任何事物可以取代的。我们绝不能为向某种低下的社会道德让步而放弃西点军校的荣誉道德准则。”

而作为一个员工，既然选定了一个公司，就要把自己的荣誉感和公司的发展结合起来，对该公司的企业文化有一个认同感。这样，你就会与公司一起同生死、共命运。在公司兴旺发达时，你就会有巨大的成就感和荣誉感；公司会为拥有像你这样优秀的员工而自豪。当公司景况不佳时，你也会感到责任重大，并为扭转公司形势而倾心尽力。只有这样，你所在的公司才会像西点军校那样成功，你也会在这样的公司氛围中实现自己的理想，成就自己的事业。

牢记责任，不为失误寻找借口

美国西点军校之所以能够驰名世界，最重要的一点就是它把“没有借口”作为学员最基本的行为准则。没有借口的背后，隐含着的是一种强烈的责任感、事业心和纪律意识，是一种服从、自信、诚实、主动和敬业。

“没有任何借口”看起来似乎很绝对，西点就是要让学员明白：无论遭遇什么样的环境，都必须学会对自己的行为负责！借口就是一块敷衍别人、原谅自己的“遮羞布”，就是一副掩饰弱点、推卸责任的“挡箭牌”。

寻找借口，就是把属于自己的过失掩饰掉，把应该自己承担的责任转嫁给社会或他人。这样的人，在企业中不会成为称职的员工，在社会上不会是大家可信赖和尊重的人。这样的人，注定了失败的命运。

巴顿将军在提拔下属之前，通常会把所有的候选人集中到一起，然后将一个需要解决的问题摆在他们面前。

一次，巴顿说：“伙计们，今天我要在仓库后面挖一条八英尺长，三英尺宽，六英寸深的战壕。”说完，他就走开了。其实他这样做只是装装样子，在那帮候选人旁边有一个带着窗户的仓库，巴顿将军就待在里面悄悄观察外面的人。

那些人领到工具以后议论纷纷，他们搞不懂巴顿将军为什么要挖这样一条战壕。

“六英寸深，连个人都藏不住!”有人大声嚷嚷。

“这样的战壕不行，待在里面一定很冷。”

“不，是很热。”也有人这样争论。

“这种事情怎么能叫军官来干？”还有人提出质疑。

最后，有个人对大家喊道：“让我们把战壕尽快挖好再赶快离开这个鬼地方吧，那个讨厌的老头儿想用它干什么都和我们没关系。”这个人后来被巴顿提拔了。

巴顿总结说：“我必须挑选不找任何借口完成任务的人。”

巴顿为什么要选一个不找任何借口而能够即时完成任务的人呢?

原来，在西点军校流传着关于“四个标准答案”的说法。西点军校的学员在回答长官问话时必须非常简明，而且只有下面的四句话可以选择。第一句是：“是的，长官!”第二句是：“不是的，长官!”第三句是：“我不知道，长官!”第四句是：“没有任何借口，长官!”

其中第四句就是要求军人必须做到：不管身处什么样的环境，不管发生什么事情，都必须牢记自己的责任，不准用任何借口来开脱或搪塞。因此，挑选不找任何借口坚决完成任务的人，也就成了巴顿选人用人的一个重要标准。

莱瑞·杜瑞松在第一次奉派外地服役的时候，有一天连长派他到营部去，交待给他几个任务：去见一些人、请示上级一些事，还有些东西要申请，包括地图和醋酸盐（当时醋酸盐严重缺货）。杜瑞松决心把这几件任务都完成，虽然他并没有把握要怎么完成。

果然事情并不顺利，问题就出在醋酸盐上。他滔滔不绝地向负责补给的中士说明了理由，希望他能从仅有的存货中拨出一点。杜瑞松一直缠着他，到最后不知道是被杜瑞松说服了，相信醋酸盐确实有重要用途，还是眼看没有其他办法摆脱杜瑞松，总之中士终于给了他一些醋酸盐。

杜瑞松去向连长复命时，连长并没有多说话，但是很显然他有些意外，因为要在短时间里完成这几件任务确实非常不容易。或者换句话说，即使杜瑞松不能完成任务，也是可以找到借口的。但他根本就没有想到去找借口，他心里根本就没有失败的念头。

不找借口是一种成功者的姿态，它能够帮我们打一场场人生的胜仗。其实，“不找借口”的原则不仅适合于军人，也同样适合工作中的我们，我们只有尽心尽力、不为失败找借口才能够完美地完成任务。

在一个漆黑、凉爽的夜晚，坦桑尼亚的奥运马拉松选手艾克瓦里吃力地跑进了奥运体育场，可是他是最后一名抵达终点的选手。

这场比赛的获胜者早就领了奖杯，而且庆祝胜利的典礼也已经结束了，所以当艾克瓦里一个人孤零零地抵达体育场的时候，整个体育场已经几乎空无一人。艾克瓦里的双腿沾满血污，绑着绷带，他努力地绕体育场跑了一周，跑到了终点。

在体育场的一个角落，享誉国际的纪录片制作人格林斯潘远远看到了这一切。接着，他怀着好奇的心情走了过去，问艾克瓦里：“比赛都结束了，为什么要这么拼命地跑到终点呢？”

这位来自坦桑尼亚的年轻人气喘吁吁地回答：“我的国家从两万多公里外送我来这里，不是叫我在这场比赛中起跑，而是派我来完成这场比赛的。”

这位来自坦桑尼亚的年轻人深知自己所肩负的责任，纵然已没有观众，他还是拼命跑到终点，完成了祖国交给他的任务。在责任与借口之间会做出什么样的选择，往往体现了一个人的态度和精神境界。当遇到某些困难时，你可能会懊恼万分，想找个借口逃跑。这个时候，你必须牢记：千万别纵容自己，永远不为自己找借口。

一个有责任心的人永远都不会为自己的失败寻找任何借口。一个人的责任心源于对生活的热情，一个对生活具有热情的人，他面对困难没有借口；一个有责任心的人，他会始终保持平常的心态、扎实的作风，兢兢业业、尽心尽职地做好每一件事情，哪怕是一件毫不起眼的小事。

一个有追求的人永远都不会找借口。一个人之所以平庸，并非能力不足，而是轻视工作、马虎拖延、敷衍塞责的处事习惯和态度作祟，一个有自信的人永远都不会找借口。在追求成功的过程中，都不可避免地会伴随着挫折和失败。他们敢于直面挑战，冷静处理挫折，从容面对失败，在总结中不断提高，在挫折中逐步完善，最终达到成功的巅峰。

总而言之，我们要培养自己的责任心，永远不纵容自己寻找不必要的借口，这样才能真正获得成功的喜悦。

做必须做的事，履行自己的职责

当一个国家把自己的安危交付给西点军人的时候，西点军人就会觉得没有任何事情比履行自身职责更为重要和伟大。曾在西点军校求学的罗伯特·爱德华·李说："做所有的事情都应尽职尽责；你不能越俎代庖，你也永远不要期盼得过且过。"

事实上，不管做什么事情，只要我们像西点军人一样怀着一颗勇于担当的心，全心全意，尽职尽责，那么我们的事业才会一帆风顺，生活也会变得更加充实和有意义。

当问题出现时，你首先要承认这是你的职责，这样你才有精力去解决问题，才能把损失减少到最小。否则你有可能会使自己因不肯承担责任而蒙受巨大的损失，也可能会因此失去一个良好的工作机会，在别人的心目中失去信誉，因为没有人会看重一个不肯承担责任的人。

伯纳尔到一家钢铁公司工作没多久，就发现很多炼铁的矿石并没有得到完全充分的冶炼，一些矿石中还残留没有被冶炼好的铁。他想，长此以往公司一定会蒙受巨大的损失。

于是，他找到了负责这项工作的工人，跟他说明了问题，这位工人说："如果技术有了问题，工程师一定会跟我说，现在还没有哪一位工程师向我说明这个问题，说明现在没有问题。"伯纳尔又找到了负责技术的工程师，对工程师说明了他发现的问题。

工程师很自信地说："我们的技术是世界上一流的，怎么可能会有这样的问题？"工程师并没有把他说的看成是一个很大的问题，还暗自认为一个刚刚毕业的大学生，懂什么啊！不过是为了博得别人的好感来表现自己罢了。

但是伯纳尔认为这是个很大的问题，于是拿着没有冶炼好的矿石找到了公司负责技术的总工程师："先生，我认为这是一块没有冶炼好的矿石，您认为呢？"总工程师看了一眼，说："没错，年轻人，你说得对。哪里来的矿石？"伯纳尔说："是我们公司的。""怎么会，我们公司的技术是一流的，怎么可能会有这样的问题？"总工程师很诧异。"工程师也这么说，但事实确实如此。"伯纳尔坚持道。"看来是出问题了。怎么没人向我反映？"总工程师有些发火了。

于是总工程师召集所有负责技术的工程师来到车间，果然发现了一些冶炼并不充分的矿石。经过检查发现，原来是监测机器的某个零件出现了问题，才导致了冶炼得不充分。

公司的总经理知道了这件事之后，不但奖励了伯纳尔，而且还晋升伯纳尔为负责技术监督的工程师。总经理感慨地说："我们公司并不缺少工程师，但缺少的是有责任心的工程师，这么多工程师就没有一个人发现问题，并且有人提出了问题还不以为然。对于一个企业来讲，人才是重要的，但是更重要的是真正有责任感的人才。"

世上的人才很多，但一个具有高度责任感的人才却是非常难得的。如果只有才能而没有责任感，将会是一件非常悲哀的事情。但如果一个人既具有非凡的才能，又具有责任心，那么他将会是企业里不可多得的人才。

毕业于西点军校的麦克阿瑟将军曾是西点军校的校长。他发表过一篇激动人心的演讲，其中讲道：你们的任务就是坚决地、义无反顾地赢得战争的胜利。这是你们的使命与职责。此外，一切公共目的、公共计划、公共需求，无论大小，都可以寻找其他的办法去完成；而你们就是训练好参加战斗的，应该做好随时参加战斗和为胜利献身的准备。"

职责是西点军校对学员的基本要求。它要求所有的学员从入校的那天起，都要以服务的态度自觉自愿地去做那些应该做的事，都有义务、有责任履行自己的职责，而且在履行职责时，其出发点不应是为了获得奖赏或避免惩罚，而是出于发自内心的责任感。正是西点军校多年来的教育，为学员毕业后忠实履行报效祖国的职责和义务奠定了坚实的思想基础。

海军中将纳尔逊是西点军校的毕业生。他在1870年参加海军，21岁升为上尉。1896年，他晋升为海军中将。

1898年10月21日，在古巴特拉法尔加角海战中，他率军大败法兰西联合舰队，最终挫败西班牙入侵美国的计划，英勇献身。作为一名西点军校的军人，他的遗言是："感谢上帝，我履行了我的职责。"

纳尔逊习惯在战争中祈祷，期望海军以人道的方式获胜，以区分于他国。他曾经两次下令停止炮击"无敌"号舰，因为他认为该舰被击中了，已丧失战斗力。可惜的是，他最终死于这艘他曾两次手下留情的炮舰。

该敌舰从尾桅顶部开火，击中了他的肩膀。更糟糕的是，他的前胸也不断涌出鲜血。经过检查，确认这是致命伤。这事除了哈定舰长、牧师和医务人员知道外，向所有人保密。但纳尔逊似乎已经意识到回天无术了，所以他坚持让外科医生和那些他认为有用的人离开，保存军队实力。

此时，纳尔逊痛苦得难以自制，匆匆地返回甲板。哈定舰长离开船舱15分钟后又回来了。纳尔逊说话越来越困难了，但他仍然清晰地说："感谢上帝，我履行了我的职责！"他几次重复这句话，这也是他留给世人的光辉榜样。

西点军校的优秀军人纳尔逊用生命诠释了职责的神圣含义。

工作本身就意味着责任。在这个世界上，没有不需要承担责任的工作，相反，你的职位越高、权力越大，你肩负的责任就越重。巴顿将军说过，“自以为了不起的人一文不值。遇到这种军官，我会马上调换他的职务。每个人都须心甘情愿为完成任务而献身。”“一个人一旦自以为了不起，就会想着远离作战前线。这种人是地道的胆小鬼。”他是这么看重责任，也通过实际行动证明了责任重于一切。

巴顿想强调的是，在作战中每个人都应勇于付出，要到最需要自己的地方去，做自己必须做的事，而不能忘记自己的职责。

要立即行动，不要拖延

有些人总是不快乐，不快乐的人的共同缺点是，他们容易被还未发生的事所困扰。结婚、完成学业、赚更多钱、买新车、完成某项任务、付一笔账单……他们为未来的事持续失望并感到挫折。他们不明白，如果快乐的体验与现在无关，就完全无法体验。如果不去行动，恐怕永远体会不到解决好问题的快乐。

人生中遇到的困难和问题，不论大小，对于那些具备行动力的人而言，不过是挑战和成长的机会。心理学家威廉·詹姆士说：“要改变人的一生，第一，立即行动。第二，满腔热情地去做。第三，没有例外。”西点军人说：“要立即行动，不要拖延。”我们要想成为一个具备行动力的人，就要学会改变态度。要有一个积极的心态，对什么事情都抱有一个健康的心态。当然，态度的改变依赖于思想的改变。所以，我们首先要改变的是内心的思想。思想改变了，态度自然就有了变化，这样才能养成积极向上、不拖延的好习惯。

曾经有个人问一个非常成功的人士：“请问你为什么会成功？”

他说：“马上行动！”

他问：“请问你成功的秘诀到底是什么？”

他说：“马上行动！”

“当你遇到困难的时候，你如何处理？”

他说：“马上行动！”

“当你遇到挫折的时候，你要如何克服？”

他说：“马上行动！”

“在未来当你遇到瓶颈的时候，你要如何突破？”

他说：“马上行动！”

“假如你要分享你成功的秘诀给全世界每一个人，那你要告诉他什么？”

他说：“马上行动！”

可见“马上行动”的重要性，行动才会有机会把不可能变成可能。“马上行动”才能使我们在困难面前有转机，我们一度渴望的成功才能实现。

著名传道家比利山戴曾说：“犹豫不决是魔鬼最喜爱的工作。”只有下定决心并积极采取行动，才能得到你所要追求的东西，光是幻想，是不能够有成功的。

哥伦布是西点军人学习的好榜样，他的事迹激励了无数的西点军人为梦想而立即行动，他让无数的西点军人努力改正自己喜欢拖延、喜欢幻想的坏习惯。

哥伦布还在求学的时候，他偶然间读到了一本毕达哥拉斯的著作，知道了地球是圆的。后来，经过长时间的思索与研究，他大胆地提出：如果地球真是圆的，便可以经过极短的路程到达印度了。然而，有些人对他所说的意见不但否定，还告诉哥伦布：地球不是圆的，而是平的，又警告他：要是一直向西航行，他的船也就有可能会驶到地球的边缘而掉下去……

然而哥伦布并没有因此而放弃自己的推论，因为他对这个问题很有自信，只可惜他家境贫寒，没有钱让他实现这个冒险的理想。当时他一连空等了几年，还是无人冒险借钱给他。此时，他认为自己不能再这样继续空等下去，他决定自己行动，于是他起程去见皇后伊莎贝露，沿途穷得竟以乞讨糊口。

幸运的是皇后居然非常赞同他的想法，并答应赐给他船只，让他去从事这项冒险。等他们一切准备妥当以后，哥伦布就率领三艘帆船，开始了一个划时代的航行。就在他们刚开始航行几天的时候，就有两艘船破了，接着又在几百平方公里的海藻中陷入了进退两难的险境。这个时候，他亲自动手拨开海藻，船才得以继续向前航行。

就这样，他们在这个浩瀚无垠的大西洋中航行了六七十天，也不见大陆的踪影，水手们都失望了，他们要求返航，否则就要把哥伦布杀死。而哥伦布兼用鼓励和高压的方法，说服了那些船员。

真是天无绝人之路，在他们继续向前驶进的时候，哥伦布忽然看见有一群飞鸟正在向西南方向飞去，他立即命令船队改变航向，紧跟着这群南去的鸟。因为他知道海鸟总是飞向有食物和水并且适于它们生活的地方，因此他预料到附近可能有陆地。哥伦布就这样一直跟着这群鸟，果然很快发现了美洲的新大陆。

试想一下，哥伦布如果一直等下去，那美洲大陆的发现者可能会是别人。成功的桂冠也永远不会属于哥伦布。哥伦布从美洲带回了大量黄金珠宝，并且还得到了国王的奖赏，还以新大陆的发现者名垂千古，最终成为人们心中的大英雄。

“立即行动”是获取成功的法宝。在应该行动的时候，我们就应该立马行动起来，像许多的伟大人物一样开始实现自己的梦想。一旦你这样做了，就会发现自己离目标越来越近。

要“立即行动”就得改掉拖延的习惯，那么具体应该怎么做呢？

（1）确定一项工作是否非做不可。

有时，我们感到一项工作不重要，于是做起来就拖拖拉拉的。如果这项工作真的不重要，就把它取消，不要因拖延耽误而后悔。有效分配时间的重要一环，是把可有可无的工作取消掉，把你的日程表中乱七八糟的东西清除掉。

（2）把工作委托给其他人。

有时候，工作是能完成的，但是你不喜欢做、不愿意做，这或许与你的个性或专长有关。这时，你不妨把工作委托给一个更适合、更乐意做的人，结果可能会比预想的好很多。

（3）弄清楚有什么好处，然后行动起来。

很多人往往只想着收获而不去耕耘，这山望着那山高，结果一事无成。解决拖沓的最佳办法是从你的目标与理想的角度分析这项工作，那么无论多少困难都会迎刃而解，再枯燥的工作都会变得有趣。距离你的目标就越近，你的理想就能实现，成功也将属于你。

（4）养成良好习惯。

有拖沓习惯的人，要想完成一项任务是很困难的。如果你想改掉这个习惯，使自己的工作、生活、学习更有意义，你就要重新训练自己，养成良好的习惯马上行动起来。首先确定你的行动方向，然后再自我提醒最快能在什么时候完成这个任务，定出一个最后期限，努力遵守，坚持一个月左右，就会习惯成自然，生活工作学习就会发生质的变化。

（5）建立时间有限的观念。

假设你的生命只剩下一年，这样你就会有紧迫感和危机意识，并将它化作激励你前进的动力。如果没有效果，就把时间缩短至六个月，或者只剩一个月。抓紧每天每分每秒的时间，尽力做好每件事。随时保持着时间有限的心态，把握今天，掌握当下，立即行动，这样的人生才会有意义。

尽心尽力做好每一个细节

西点军校非常注重对新学员的细节训练。背诵《新学员知识》是西点细节训练中一个行之有效并且能行之久远的办法。这套冗长固定的《新学员知识》，除了记住会议厅有多少盏灯、蓄水库有多大的蓄水量，另外还包括日行事历。

新学员报日程的时候，如果有任何错误，学长都会过来质问。新学员必须背诵出当天相关的讯息：包括日期、值日官姓名、重要的运动或电影，一直到距离未来的重大活动还有多少天，距离历届班的毕业典礼还有多久。西点学员每天都要检查服装仪容，包括皮鞋、扣环是否擦亮；上衣是否正确扎进裤子或裙子；衬衫衣叉和裤缝是否对直成一条线。

有些公司也许会觉得这些细枝末节无关紧要，但其实这正是训练的重要工具。事实上这些细节活动对公司员工的工作精神有很大的帮助。

西点学员乔治·S·格林在“训练营”期间，曾经有一次来回向班长报到了12次，才通过服装仪容的检查。每一次他到了班长房间，都有通不过的地方，头发没有梳好、皮鞋碰脏了、衬衫后面的衣摆露出来了、某段新学员知识没有背好等，每次都得回寝室去重新整理。

西点前校长潘莫将军曾说：“细枝末节最伤脑筋。”他的意思是说，即使是最聪明的人设计出来的最伟大的计划，执行的时候还是必须从小处着手，整个计划的成败就取决于这些细节。一个人如果想成就大事就一定要注重细节。

事实上，想做大事的人很多，但愿意把小事做细的人却很少。其实，我们从不缺少雄韬伟略的战略家，而是缺少精益求精的执行者。

欧洲战场上，国王查理三世准备拼死一战。里奇蒙德伯爵亨利带领的军队正迎面扑来，这场战争将决定由谁来统治大英帝国。

战斗进行的当天早上，查理派了一个马夫去备自己最喜欢的战马。马夫对铁匠说：“快点给它钉掌，国王希望骑着它打头阵。”铁匠回答：“你得等等，我前几天给国王全军的马都钉了掌，现在我得打点儿铁片来。”马夫不耐烦地叫道：“我等不及了。国王的敌人正在攻打进来，我们必须在战场上迎击敌兵，有什么你就用什么吧，将就着点儿。”铁匠埋头干活，钉了三个掌后，他发现没有钉子来钉第四个掌了。“我需要一两个钉子，得需要点儿时间砸出两个。”马夫急切地说：“我告诉过你我等不及了，我听见军号了，你能不能凑合着钉好马掌？”铁匠回答：“我能把马掌钉上，但是不能像其他几个那么结实。”马夫叫道：“就这样，你要快点，要不然国王会怪罪到咱俩头上的。”

两军交战，查理国王冲锋陷阵，鞭策士兵迎击敌人。“冲啊，冲啊！”国王喊着，率领部队冲向敌军。远远地，他看见在战场的另一头，自己的几个士兵正在后退。如果别人看到这种情形，也会跟着后退的，所以查理策马扬鞭冲向那个缺口，召唤士兵调转马头继续战斗。

可是，他还没跑到一半，一只马掌掉了，战马跌翻在地，查理也被掀翻在地上。国王没有抓住缰绳，惊恐的马就跳起来逃走了。查理环顾四周，他的士兵们纷纷转身撤退，敌人的军队包围了上来。他在空中挥舞宝剑："一匹马，我的国家倾覆就因为这一匹马。"

他的军队已经分崩离析，士兵自顾不暇。很快，敌军俘获了查理，战斗结束了。所有的损失都是因为少了一个马掌钉。

现实生活中的事件，有时候就如同多米诺骨牌一样，一点轻微的晃动就会导致整体系统的崩溃。一个小小的马掌钉，竟然决定了一场战争的胜负，这似乎有点不可思议，但这却是铁一般的事实。因此，我们要关注每一个细节，才有可能保持最完美的状态。

"不拘小节"的人无法获得成就大事的机会，只有那些对自己负责、做事情一丝不苟的人，才会受到命运的嘉奖。

有一所学校招聘教师，要通过面试从几名应聘者中选出一位。几位应试者都做了精心的准备。上课铃响之后，应聘者微笑着走上讲台，师生互相致意之后，开始讲课。导入新课、讲授正文、总结概括、复习巩固……为了避免出现差错，每个人都按照这个标准的讲课流程进行各项工作。

一位应试者为了避免"填鸭子"似的灌输，也效仿前几位应试者自己设计了几道课堂提问。但由于题目设计得不高明，学生的反应并不是很积极。下课时，这名应试者觉得相比前几位，自己的表现并不理想，几乎没有成功的可能。

谁知，第二天，这位认为自己没有希望的试讲者，却出乎意料地接到了录用通知。惊喜之余，他问校长为什么选中了他。校长微笑着说："说实话，论那堂课的精彩程度，你的表现的确逊色于其他人。但是在课堂提问时，你表现出来的一个细节，却足以令其他人自惭形愧。因为你叫的是学生的名字，而不是他们的学号，更不是用手指。如果一位老师不愿意了解自己的学生，不尊重自己的学生，那么他怎么可能把学生教育好呢？你是唯一一个喊出学生名字的人，所以你是唯一的入选者。"

一个小小的细节赢来的却是意想不到的成功。谁也没有想到学校看中的却是一个能够喊出学生名字的教师，是细节使其赢得了最后的胜利。

很多年轻人在刚参加工作时，由于阅历和经验的限制，都不会被委以重任，做的工作大都是些创造性不足的小事。这时候，更应该把小事做到位，做好每件事情的细节。因为没有哪件事情小到不值得重视，也没有哪个细节细到不值得做好。比如，在过年过节时，为客户送上一句温馨的祝福，一个贴心的小礼物，都会给对方带来意想不到的惊喜。这些都会让他们感觉到你带来的温暖和情谊，这容易消除彼此的陌生感和警戒心。

乌鲁木齐一家做对外出口贸易的公司，好不容易将一个大的订单抢到手里，时间紧任务重，所有的人都加班加点地干，终于在规定的时间内完成了任务。大家都不由地松了口气。可是，商品刚刚运到时，对方就打来了一个电话，气急败坏地对他们的工作责备不休。

原来，这些产品的质量没有问题，但在包装上却出了问题。那个厂址本来是“乌鲁木齐某厂”，由于当时大多数人只是把重点放在了赶制产品上，却没有仔细审查外包装，结果“乌鲁木齐”被印成了“乌鲁木齐”。虽然只有这一点没有做到位，却毁了整个厂的声誉，损失惨重。

魔鬼就藏在细节中，如果你不把它当回事儿，它就会溜出来给你添乱。工作中，许多人比我们进步快、晋升快的人，都是因为注意了工作中的细节，养成了良好的习惯，才在工作中表现出色，同时也得到了自己应有的回报。所以，我们在把握好方向的前提下，一定要多注意细节，将工作做到位，只有这样才对得起自己的努力和热情，才不会给工作留下遗憾。

让服从成为你的第一要务

每一个西点军人都知道服从高于一切。在西点军人的观念中，服从就是一种美德。同样的道理，在公司里，服从也应该成为员工的第一要务。没有服从理念的员工不是优秀的员工，并且也无法向自己的人生目标迈进，因此，服从也应该是员工的第一美德。

每一个员工都要学会这种美德，将服从作为核心理念来看待你的上司，了解自己的能力，给自己一个定位，明确自己的职责。服从于你的上司，服从于你的老板，这样各司其职才能创造最大的效益。

服从是第一生产力。但是很多公司因为员工的不服从、执行能力差而导致失败。公司在每个阶段都有自己的计划，而计划的执行者是公司中的每个员工，所以执行能力的提升对一个公司有着至关重要的作用。作为一名员工，只有通过服从，才能对公司的价值理念、运营模式有一个更深刻的认识。

每个人都要有意识地服从老板、服从上司。如果有不同意见，可以在老板没做决策前给出建议。一旦老板决定了，你就要服从他的决定，即使这个决定跟你的意愿不同。

哈里·杜鲁门总统为什么解除了道格拉斯·麦克阿瑟将军的职务？朝鲜战争的失败只是其中的一个原因。杜鲁门总统在解除麦克阿瑟将军职务时说，他之所以终止麦克阿瑟将军的政治生涯，既不是因为麦克阿瑟将军同他意见不一致，也不是麦克阿瑟将军对他进行人身攻击，而是因为麦克阿瑟将军不尊重总统的办公厅，不服从上级，这是绝对不能容忍的。

麦克阿瑟不服从上级指令可是历来有名的。在20世纪30年代初的经济危机期间，一些退伍军人及其家属到华盛顿请愿，要求政府发给他们现金津贴。当时任陆军参谋长的麦克阿瑟到示威现场阻拦。在任总统胡佛指示麦克阿瑟不要动用军队对付示威者。麦克阿瑟对总统的指示不予理睬，用军队驱散了示威的人群。

“二战”结束后，杜鲁门总统尽管对麦克阿瑟印象不佳，但对麦克阿瑟还是委以重任。麦克阿瑟成为日本的绝对统治者，他对日本的政治、经济进行了大刀阔斧的改革，使日本基本上消除了军国主义、法西斯主义，走上了社会经济迅速发展的道路。但麦克阿瑟在没有经过华盛顿批准的情况下，擅自将驻日美军削减一半。麦克阿瑟的举动实属目中无人，杜鲁门大为恼火。战争结束后，杜鲁门两次邀请麦克阿瑟回国参加庆典，都被麦克阿瑟以“日本形势复杂困难”为由回绝。

1951年4月11日，杜鲁门总统毫不犹豫地撤消了麦克阿瑟的一切职务。最让麦克阿瑟尴尬的是，他是在新闻广播中获悉自己被撤职的。这一消息实在太突然了，没有丝毫思想准备的麦克阿瑟听到后，面部表情一下子呆滞了。他怎么都没有想到，功勋卓著的他会被总统在战场上撤消一切职务。

服从上级指令不仅是在战场上、政坛上，同样在组织中，在公司里具有至关重要的作用；不服从上司，只会带来失望的结果。要与上司保持良好的合作关系，并不是说你一定要同意上司的任何意见，而是必须尊重上司，保持上级指挥下级，下级服从上级的公司制度。如果你不注意到这一点，不但会给自己和上司造成麻烦，公司的业务进展也难以顺利。

可口可乐公司有一位叫普尔顿的年轻人，上司让他去一个新的地方开辟市场，那是一个十分偏僻的地方，很多人认为在此打开销路是非常困难的。因此，在把这个任务分派给普尔顿之前，上司曾经三次把这个任务交给过公司里别的职员，但是都被他们推托了，因为这些人一致认为那个地方没有市场，接受这个任务只会一无所获。普尔顿在得到上司的指示后什么也没有问，带着一些公司产品的样品出发了。

三个月后，普尔顿回到了公司，他带回的消息是那里有着巨大的市场。其实，在普尔顿出发之前，他也认定公司的产品在那里没有销路。但是，他尊重上级的决定，依然选择前往，并用尽全力去开拓市场，结果最终取得了成功。

由于服从的观念，这个年轻人毫不犹豫地接受了上级的指示，尽管很多人都认为那是一个根本不可能完成的任务。但是幸运的是，奇迹就在这个地方发生了。年轻人取得了别人难以想象的成绩，自然也就成了公司里的一名骨干人员。

一个企业里，只有那些不找任何借口服从的员工，才是老板所期望的好员工。当公司需要我们发表意见时，我们要坦而言之，尽其所能；对于上司已做了决定的事情，要理解服从，不要在这时表现自己的小聪明。

没有服从就没有执行，所有团队运作的前提条件就是服从，有时可以说，没有服从就没有一切。所谓的创造性、主观能动性等都在服从的基础上才得以成立，否则再好的创意也推广不开，也没有价值。

如果不能把服从的思想渗透到每一个员工的内心深处，公司是没有什么发展前途可言的，在市场的竞争中也注定了失败的命运。所以，你一定要牢牢记住：不找借口服从并执行命令的员工才是最好的员工。

第 8 课

工作课——永远保持自发的工作心态

把上司当作最优秀的教师

西点48届学员IT公司总裁阿拉斯考格曾说："我们所要学习的对象就在我们眼前，指挥官绝对是我们的榜样，我们严格遵守上级给我们的一切命令，绝对服从，这是一个合格军人的天职。"

在西点，胸怀大志的年轻军官多半是由学长们培养出来的。正是这些学长——而不是军官或指导员——在几个月的时间里指挥新学员，把他们培养成合格的西点军官。学长对待新学员是极其严厉的，新学员尊敬他们、服从他们、钦佩他们，从他们那里学会了在战场上生存的本领。

尊重上司是西点军校的传统。上司比新学员更清楚西点怎样才能运作得更好，而且能够很好地将祖辈们积累下来的战争经验代代相传。在他们各自的基础训练营里，士兵和胸怀大志的军官都会请求他们给予指导、管理。在新学员的潜意识里，西点给他们留下了难以消除的印记，即使后来能成为将军，他们在西点的活动也必须得到学长的批准。

在西点，好的军官对新学员以诚相待，他们让新学员在没有严酷的价值判断、公开批评或者军队官僚干扰的情况下顺利成长。虽然好的军官也难免有自己的特性、怪癖，甚至有时表现得并不如人意，但从整体上来说，还是看得出经验丰富、贤明旷达、智慧深邃的姿态的。

每个人都有自己的缺陷，上司也有缺陷，但这并不能抹杀他们的能力。做上司不一定要比员工更有效率，或者在一些专业性问题上懂得更多。上司的主要责任是制定公司的长远发展战略，而下属负责具体的实施。上司要做的是，聚集一批优秀的人才，共同为今后的成功而打拼，共同为未来的发展而努力奋斗。

也许你的能力远在上司之上，也许你的上司并不见得比你高明，但只要是你的上司，就必须服从他的命令，并且努力去发现他优于你的地方，尊敬他，欣赏他，向他学习。如果我们都抱着这样的心态，即使彼此之间有种种隔阂，有许多误解，也会慢慢消除。

任何公司都面临着一个不断成熟、不断发展的大环境，员工的学习和创新就显得尤其重要。所以，员工要在做好本职工作的基础上锻造良好的素质，就必须要不断学习，而公司就是一所很好的学校。在公司这所学校里，你可以学到先进的管理经验、经营技巧、工作技巧以及如何处理人际关系等，这些都是你以前在课本里很难学到的东西，可以说能够成为你一生最宝贵的财富。

公司跟西点军校一样，也是一所很好的学校，上司就是这所学校中最优秀的教师。如果我们在这所学校里不断地学习，不断地交出优秀的答卷，那么等待我们的将是一个无比美好的未来。

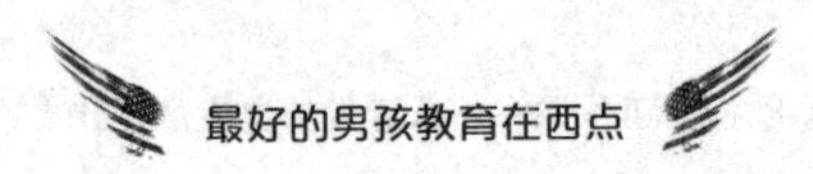

只有懂得协作的人，才能赢得最后的胜利

佛教创始人释迦牟尼曾问他的弟子：“一滴水怎样才能不干涸？”弟子们面面相觑，没有一个人知道答案。释迦牟尼说：“把它放到大海里。”

一个人如果不能很好地融入团队，就会像离开大海的水一样会迅速“干涸”；只有全身心地融入到团队中去，让自己成为团队的一份子，才能最大限度地实现自身的价值。

在我们工作和生活的每一个领域，都会有一些相对出色的个人，他们拥有过人的天赋和才能，在自己的领域达到了别人难以逾越的高度。在普通人眼中，他们也许是“完美”的，然而事实往往并非如此，他们的“完美”有时候反而会成为所在团队的麻烦。

米卢在分析中国媒体吹捧的某位“球星”时曾说：“按照他的个人素质，也许能成为世界级的球员，可惜他还欠缺与队友配合的意识，不能融入到整个队伍中，也就是说，他不是一个能够为团队做出贡献的球员。”

在团队中，个人或许起到了重要的作用，但个人英雄主义是一定要杜绝的。球队获胜的关键，在于成员之间的配合和默契，而不是一两个所谓的“明星”球员；乐团如果想要走得更远，就一定要注重成员之间的平衡，而不是只突出某一个成员的才华和技巧。同时，作为团队的一员，不要只想着展现自己的实力，而是要培养整体意识和大局观，更好地为整个团队服务。

现今的工作大都是程序化的工作，每一个人都身处各自不同的领域，学会与他人互相配合，是每一个员工必备的素质。如今，越来越多的公司把是否具有团队协作精神作为招聘员工的重要标准。工作能力强、具有团队协作精神的员工，是公司高薪留用的对象，而一个不肯合作的“刺儿头”，势必会遭到公司的拒绝。

微软刚创立时还不是很起眼，当时，美国最大的电子公司——IBM公司正在研制一种新型的个人微机，这种新型机需要配置相应的磁盘操作系统软件。IBM致电比尔·盖茨，想与他进行商谈。

比尔·盖茨知道这是一次提高公司声誉、扩展公司业务难得的好机会。于是，他先花钱买下西雅图一家小公司的86-DOS进行修改和扩充，制成一种新型操作系统软件，命名为MS-DOS。

比尔·盖茨带着这种新型软件，亲自去IBM总部联系业务，亲自操作这种软件给IBM总裁看，说明这种软件的优越之处，并尽量压低自己的要价。

1981年8月12日，这是电脑行业具有划时代意义的一天，全球最大电脑生产商IBM宣布他们生产的个人电脑正式推出，而它的操作系统正是微软公司的MS-DOS。

消息传出，整个世界计算机行业为之震惊，微软公司的名声响遍了世界各地，许多公司纷纷上门洽谈生意，微软公司的业务顿时扩展了数十倍，成为美国软件业的佼佼者。

在这次合作中，虽然微软公司实际上并没有获得多少经济利润，但由此带来的声誉却为他们赚取了百倍的利润，更为微软公司的未来开辟了一条光明大道。这一切，均缘于相互协作。许多公司就是没有正确认识到两家公司合作的因素是什么，只认为合作兼并好公司就能化危机为商机，而忽视了协作的重要性。

西点军人十分注重相互协作，他们明白只有合作才能发展，单纯依靠个人自身的力量是不能真正强大起来的。然而，要想并肩作战就一定要选择适合的伙伴。在西点，每个优秀的学员都懂得，良好的伙伴关系要求对合作双方都有互补性，而真正的互补又需要付出很多努力才能建立。

从美国军人高效能的协同作战中，我们可以窥见极富团队精神的智慧影子——西点。而知名的公司如沃尔玛公司、英荷石油公司、微软公司等也极富有团队精神，并构筑了自己独特的公司文化。

协作使自己受益也让别人受益，只有懂得协作的人，才能明白协作对自己、别人乃至整个团队的意义。一个放弃协作的人，也会被团队所抛弃，被成功所放弃。

永远都要保持自发的工作心态

想登上成功阶梯的最高处，就必须永远保持自发的心态。当你逐渐养成这种自动自发的做事习惯时，你就会认真勤勉、自觉主动地对待任何事情，并且能够催促自己积极上进、努力学习。

西点军人认为，那些成就大业之人和凡事得过且过的人之间的最根本的区别在于，成功者不用任何人催促，懂得自动自发地做事。没有人能促使你成功，也没有人能阻挠你达成自己的目标，一切的关键在你的自觉心态。

迪基和多利同时受雇于一家商店，并且领同样的薪水。一段时间过后，多利青云直上，受到老板的器重，迪基却仍在原地踏步。迪基对此感到非常气愤，终于忍不住对老板发了牢骚。

老板耐心地听他抱怨完后说：“你现在到集市上去看一下都在卖什么。”没过多久，迪基从市场上回来了：“只有一个农民拉了一车土豆在卖。”老板问：“有多少？”迪基又跑了一趟，回来告诉老板：“一共40袋。”老板又问“价格呢？”迪基委屈地说：“您没有让我打听这个。”老板心平气和地说：“好吧，那么你坐在这儿，看看别人是怎么做的。”

于是老板把多利叫来，吩咐他同样的事情。多利很快从集市上回来了，他向老板汇报说：“今天集市上只有一个农民在卖土豆，共40袋，价格是两角五分钱一斤。我看了一下，质量和价格都不错，给您带回来一个样品，另外我从这位农民那儿了解到西红柿的销量也很好，他车上还有一些不错的西红柿，要不您同他谈一下吧，他现在就在外面等着呢。”

这时，老板转向迪基说：“现在你知道多利为什么能够加薪升职了吧！”

多利升职加薪的原因不是别的，正是他自动自发的工作态度。而迪基的失败也恰恰在于他只是按照老板的命令去做事，而且他做事的方式是消极被动的，只是为做事而做事，所以结局就可想而知了。

工作需要自动自发，每个公司都希望员工有自动自发的态度。自发的员工不会墨守成规，像机器人一样，他们有独立思考的能力，能自觉发挥主动性，积极有效地执行，并出色地完成任务。

所以说，一个任务被自主有效地执行时，就会及时，甚至有可能提前完成任务。这样，一个创新的战略或经营方式才不会被对手模仿或赶超。而一个公司一旦形成这种自发执行的企业文化，就没有什么业绩不可能实现了。

对于分外的工作，你可以拒绝去做，但是你也可以选择自愿去做，以激励自己更快速地前进。在工作中，选择“要我做”，还是选择“我要做”，是区分优秀员工与平庸员工的一个重要标尺。因为，那些习惯于“我要做”的员工，展示出的是一种积极主动的工作素养。自发的心态能使人变得更加主动、更加积极，能使你从职场竞争中脱颖而出。

其实，工作是一个包含了智慧、热情、信仰、想象和创造力的词汇。卓有成效和积极主动的人，他们总是在工作中付出双倍甚至更多的努力；而失败者和消极被动的人，却将这些深深地埋藏起来，有的只是逃避、指责和抱怨。工作首先是一个态度问题，是一种发自肺腑的热爱。只有以自发的态度对待工作，我们才可能获得工作所给予的更多的回报。

我们应该明白，那些每天早出晚归的人不一定是认真工作的人，那些每天忙忙碌碌的人不一定是优质完成工作的人，那些每天按时打卡、准时出现在办公室的人不一定是尽职尽责的人。对他们来说，每天的工作可能就是工作，做完了上司安排的任务就好了，没有想过自发地去做更多更好。然而，对一个企业来说，他们需要的决不是那种仅仅遵守纪律、循规蹈矩，却缺乏热情和积极的人，他们需要的是够积极主动、够自动自发工作的员工。

无论做什么工作，都应该全力以赴

一个人无论做什么工作，都应该全心全意、全力以赴，这不仅是工作的原则，也是生活的原则。

美国著名作家威廉·埃拉里·钱宁说："劳动可以促进人们思考。一个人不管从事哪种职业，他都应该尽心尽责，尽自己的最大努力求得不断的进步。只有这样，追求完美的念头才会在我们的头脑中变得根深蒂固。"

在工作中，很多人都认为自己做得很好了，真的是这样吗？真的已经做到尽善尽美了吗？真的已经发挥了自己最大的潜能了吗？我们每个人都有自己的特长，也许有绘画的天赋、写作的灵感、思考的潜能、管理的资质，等等。但无论你的特长是什么，都不要把自己藏起来，而是应该积极地把你的才能发掘出来并发挥得淋漓尽致。

约翰·伍登曾说："成功就是知道自己已经倾注全力，达到自己能够达到的最极致的境界。成功者绝不会自满，他们不管做什么事情，必然都会全力以赴、追求完美。"

曾在西点军校毕业的美国前国务卿鲍威尔也有同样的观点："凡事都要全力以赴。"他是这样说的，也是这样做的。

鲍威尔于1937年4月5日出生于纽约市哈勒姆黑人居住区的一个贫寒家庭。其父母是牙买加移民，父亲卢瑟是码头的搬运工，母亲艾丽是个缝纫工。他们一直租房居住，直至父亲卢瑟在一次赌博中赢得一笔意外之财，才在昆斯区买下了一间小屋。

鲍威尔从父母的辛勤劳动和对子女的严格要求中感到了生活的压力。为了补贴家用，17岁那年，鲍威尔到百事可乐装瓶厂当勤杂工。到了工厂，鲍威尔领到了一个拖把，因为工厂规定只有白人孩子可以在装配线上工作，黑人孩子只能做擦地板的杂活。这是世世代代黑人工人干过的活。每天总有差不多50次可乐瓶子在搬运中摔碎，弄得满地板都是黏糊糊的苏打水，鲍威尔每次都尽力把地板打扫得干干净净。

过了几天，工头通知他：他晋升为装瓶部门主管。暑期结束，工头对他说："小伙子，你擦地板擦得非常干净，明年夏天再来，我要给你一份工作。"鲍威尔说："谢谢，可是擦地板的活我不想干啦，我想上装瓶机工作。"

第二年暑期，工头真的让他上了装瓶机。到了暑期末，鲍威尔当上了副领班。

这段经历让他记住了：所有的工作都是光荣的，任何时候都要尽力而为，因为总会有人注意到你的。后来，鲍威尔在西点军校演讲，就是以"凡事要全力以赴"为题，用自己的实际经历给学员们上了一堂生动的人生课。

出身于西点军校的鲍威尔不仅是"全力以赴"的典范，而且还时时刻刻把这种精神发扬光大。他的演讲赢得了无数西点军人的称赞，与此同时也激励了无数的学员。

美国毕马威会计师事务所的董事长和首席执行官尤金·奥凯利在他的著作《世界上最伟大的推销员》中说："从此，我将以全部的精力投入工作，不仅要完成计划中的任务，而且还要多做一些。如果我遭受苦难，正像我经常会遇到的遭遇，如果我怀疑我的努力，正像我常常想的那样，那么我也仍要坚持工作。我要将整个身心都倾注在工作之中，那时，天空将变得格外晴朗，在困惑与苦难中，生活中最大的快乐即将到来。让我遵循这条特殊的成功誓言：做任何事情，我将尽最大努力。”毕马威会计师事务所是全美最大的会计师事务所之一，尤金·奥凯利在事业上无疑是一位成功人士，这很大程度上取决于他做事全力以赴的态度。当然，尤金·奥凯利绝不是特例。在这些能够为工作全力以赴的人中，彼得·德鲁克也是其中的一个。

彼得·德鲁克获得了巨大的成功。从表面上看，是因为他23岁时写出了第一本书；到20世纪90年代初期，出版的很有影响力的著作就达到29部之多，真正做到了著作等身。其实，有着更深层次的原因。

也许，从他在汉堡时的一段经历，我们可以找到答案。他没有像他父亲所期望的那样：念大学，然后再读医学院。相反，他去汉堡当了学徒工。那年他才17岁，除了上班之外，他都会在闲余时间到汉堡市立图书馆读书。“整整15个月的时间里，我除了看书还是看书。读的书有德语的、英语的和法语的。”他每周还会到汉堡歌剧院去一次，在那儿发生的一件事改变了他的人生。

那天，他观看了威尔第最后一部歌剧《福斯塔夫》的一场演出。当他了解到这部精神激昂的作品是威尔第在80岁高龄时完成的之后，他受到了很大的触动。当他问威尔第为什么这么大年纪还要着手编写一部如此充满挑战的剧作时，威尔第这样回答：“在我作为音乐家的一生中，我一直都在为追求完美而奋斗。但是，这个目标总是在躲避我，因此，我真切地感觉到一种责任，觉得应该再努力一次。”

威尔第的话给彼得·德鲁克留下了非常深刻的印象。他暗暗发誓："我一定要以威尔第为榜样，竭尽全力，投身于自己喜欢的事业。"他还下定决心："如果我能够长寿，我会永不放弃，一直努力下去。"果然，彼得·德鲁克在80岁之后，还完成了6部著作，可见，他确实坚持了"威尔第精神"。

当你为自己的目标全力以赴，并且实现了量变到质变的转化时，命运就会给你一个意想不到的惊喜！古往今来的无数事例都证明了这一点。可见，成功永远都属于那些为梦想而全力以赴的人。

全力以赴者，他们永远积极乐观、从不抱怨。他们从不自设樊篱，因而总能激发出自身的无限潜能。他们整天都生活在正面情绪里，时刻享受着人生的乐趣。他们总是积极地寻求解决问题的方法，因此总能让希望之火重新点燃。即使是在最艰难的时刻，他们也还在鼓励自己，并且会尽量用自己的积极情绪感染周围的同伴。

全力以赴者，他们会规划好未来的走向，在争分夺秒的时间战中快乐地前行；他们的事业与爱好同步发展，精神与物质携手上路；他们不会有精神贫乏窒息的感觉，他们对生命对生活有着最高昂的斗志与最火热的激情。

当别人总是在一味慨叹无事可做时，全力以赴者早就先行几步，走在了明媚阳光的精神的康庄大道之上，正迈着步子向着美好的未来前进呢！

在遇到重大生活危机时，全力以赴者也不会坐以待毙，而是头脑清醒、目光如炬、思想睿智，他们会搜索迎面而来的发展机遇，用丰厚的学识与自信去争取属于自己的一切。

全力以赴者心中总是盛满喜悦的甜蜜，胸中常存无限激情的歌。从现在开始，为你的工作投入百分之百的热情吧，出色地完成你手上的每一份工作，相信命运之神一定会青睐你。

学会忙里偷闲，不懂得休息就是浪费生命

不会休息的人就不会工作，这是很多人都明白的道理。毕竟人的精力是有限的，做事要劳逸结合。如果一味地以工作为目的，以一种狂热的态度去工作，过度劳累心神，伤了身体，那就是对自己的极端不负责了。

一个为工作发狂的人，必然不能顾及自身的健康，就更不能理解那些平时总是不去加班，却能够每次出色完成任务的人。他们不一定比你聪明、有能力，但他们确实是比你更懂得工作与生活。因为他们明白，盲目地加班加点只不过是一个可怜的工作狂，不懂得合理安排自己的时间，即使忙得焦头烂额，也不会有所成效。

聪明的人绝不会去做工作狂，因为他们重视工作重要的同时，更注重自己的健康。他们不会因为疯狂地去工作，而抛弃生活中应有的轻松

和快乐，无视自己宝贵的健康和生命。只有愚蠢的人才一头扎进钱堆里，为了多劳多得，做了十足的工作狂。

有三条毛毛虫经过长途跋涉，最后来到目的地的对岸。一条毛毛虫说：“我们必须先找桥，然后从桥上爬过去。”另一条说：“我们还是造一条船，从水上划过去。”最后那条说：“我们走了那么远的路，已经疲惫不堪了，应该静下来先休息两天。”

听了这话，另外两条毛毛虫十分诧异：休息？简直是天大的笑话！没看到对岸花丛中的蜜快被喝光了吗？我们一路风风火火，马不停蹄，难道是来这儿睡觉的吗？

于是，一条毛毛虫开始爬树，准备摘一片树叶做船。另一条则爬上河堤旁的一条小路，寻找一座过河的桥，剩下的一条则爬上最高的一棵树，找了片叶子躺下来，美美地睡着了。

一觉醒来，睡觉的毛毛虫发现自己变成了一只美丽的蝴蝶，翅膀扇动了几下就轻松过河了。而此时，一起来的两个伙伴，一条累死在路上，另一条则被河水淹没了。

做任何事情都需要讲究劳逸结合，有张有弛。该努力时拼命努力，该休息时尽情放松。这样才是聪明的做法。

一位著名的实业家每天承担着巨大的工作量，没有人能够替他分担。在整日繁重的工作之后，他每天还得提着一个沉重的手提包回家，包里装的都是必须由他亲自处理的急件。

紧张劳累的工作使他身心疲惫不堪，最后不得不去医院进行诊疗。医生给他开了一个处方：每天散步两小时；每星期空出半天的时间到墓地走一趟。

这位实业家对此迷惑不解："为什么要在墓地待上半天呢？这与我的身体健康有什么关系吗？"医生不慌不忙地回答："我只是希望你四处走一走，瞧一瞧那些与世长辞的人的墓碑。身处墓地时，你仔细思考一下，他们生前也与你一样，认为全世界的事都得扛在自己肩上，如今他们全都长眠于黄土之中。然而整个地球上的活动还是永恒不断地进行着，而其他世人则仍是像以前一样继续工作着，丝毫不会因为谁而改变什么。整个世界年年月月就如此循环着，永无止境。"

实业家明白了其中的道理，生命的意义不在于紧张、忙碌，应该学会适当放松，有了放松的身心，生活才会更加快乐。

从医院回来后，实业家放慢了以往匆忙的脚步。沉重的手提包在上班时间一过，就被他慎重地搁下。晚饭之后，他会携同妻儿一同散步，按照医生的叮嘱，也会抽出一些时间去墓地冥思。

不久以后，从前那种累累重压的苦闷被慢慢驱除了。这种轻松的心态也使得这位实业家在事业上平步青云，生活也变得更加舒心。

在匆忙工作之余，别忘了给自己的心放个假。忙里偷闲，充分享受放松带来的愉悦。不要总以为把内心装得满满的就是充实，其实卸下心灵的负荷更是一种幸福。

有时候人们之所以容易迷失和苦恼，就是因为想要的太多，并且想一下子得到，结果拼命地去争取，反而把自己局限在一个狭窄的圈子里不能自拔，最后竟忘了自己的初心。难道这就是我们整日拼命劳作所期望得到的吗？

工作的目的不仅仅是为了生存，更为重要的是为了给个人的生活赋予意义，赋予光彩。不管你是从事什么职业，如果你把心思完全放在工作上，而忽视了健康，忽视了家人朋友，就永远不会找到生活的乐趣和意义。

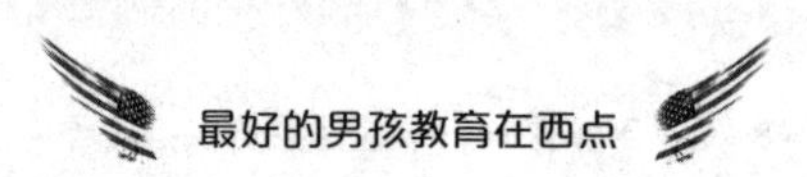

后 记

西点军校是很多男孩子梦寐以求的军校。那么，西点军校在哪里呢？它不在中国而在军事、经济都非常发达的美国。也许，它看起来仿佛一个虚无飘渺的海市蜃楼。其实，它并不是遥不可及，相信不久它就会出现在你身边，它会像一个知心好友般陪伴你一天天长大。

我们这本《最好的男孩教育在西点》在经过极为认真刻苦的写作后终于完稿，它是一本送给青少年朋友的成长励志书。它是多么渴望能够在孩子们挫折时为其指点迷津，使其能够顺利地找到通往成功的路口；它是多么渴望孩子们能够为了一个更为宏伟远大的目标能够时时克制自己的情绪；它是多么渴望孩子们能够永远都对自己充满信心，拥有“天生我材必有用”的豪迈气概；它是多么渴望孩子们能够认识到知识的重要性，认识到知识是现代社会的第一生产力，没有知识就等于没有了生命力。一个思想进步的人一定要低下头来当学生，争分夺秒地“抢”知识，只有这样才能够跟上西点的节奏，才能够早日成为祖国的栋梁之材……

我怀着最真诚的心写了这本书，谨此献给具有雄心壮志的青少年朋友，献给在苦难岁月里一起共患难的同事同学，以及所有为理想而不懈努力的人们……

在此，非常感谢为此书的出版而付出艰辛工作的同志们，非常感谢阅读此书的读者朋友……

愿这本书能够给所有人带来一点启发，一点欢欣，一点鼓舞。

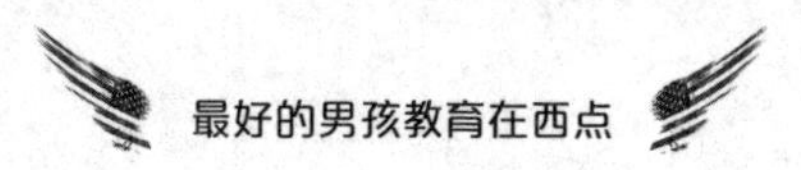

西点名人铁血语录

1. 西点军校所致力的教育目标，不仅是培训一流军官，而且是把一流的年轻人培养成真正的男子汉，培养成未来的全方位的领导人。

——西点军校前校长伊·L·班尼迪克

2. 每个人所受教育的精华部分，就是他自己教给自己的东西。

——西点军校前校长A·L·米尔斯

3. 才能出众者，才堪担当重任；而努力学习，刻苦训练，是获得才能的惟一途径。

——西点军校著名学子、美国第三十四任总统艾森豪威尔

4. 每个人都是你的老师。

——西点军校成立之命令签署人汤玛斯·杰佛逊

5. 闲暇时光如果不用来读书，以累积发展自我的力量，而在无所事事中任其流逝，是非常可惜的。

——西点军校前学员团团长麦康尼夫

6. 作为男人，只有对艰苦和严格习以为常，在困难面前才能够尽职尽责。

——著名西点学子巴顿将军

7. 很难想象，在列队的时候不干脆利落的一群人，打起仗来能够把自己和乌合之众区别开来。

——1901年西点军校毕业生、曾任校长的道格拉斯·麦克阿瑟

8. 一个战场指挥官假如不执行和维护纪律，那就是潜在的杀人犯；指挥官的放肆言辞是锻炼部队的手段之一，没有粗俗劲儿就无法指挥军队。

——巴顿将军

9. 非常情况下能否坚持原则，常常是判断一个人道德水准的重要依据。

——著名西点学子、美国第十八任总统格兰特

10. 要做正确的、该做的事，而不是能够赢得别人赞赏的事。

——西点军校著名学子、美国第三十四任总统艾森豪威尔

11. 年轻人需要的不只是学习书本上的知识，也不只是聆听他人种种的指挥，而是要加强一种敬业精神，对上级的托付立即采取行动，全心全意完成任务。

——西点军校著名校友艾尔伯特·哈伯特

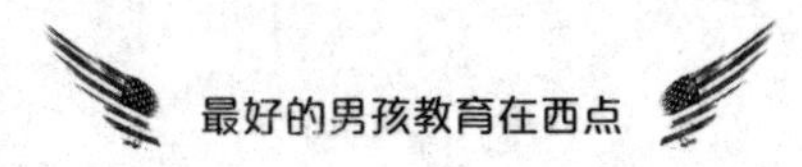

12. 在好规则面前，懂得捍卫和遵守，生活中才会享受更多的明媚阳光。

——西点校友、著名工程技术专家乔治·W·戈瑟尔斯

13. 避免一切的失误，就能减少巨大的意外挫折。

——著名西点学子、第十八任总统格兰特将军

14. 如果任凭感情支配自己的行动，那便会使自己成为了感情的奴隶。一个人，没有比被自己的感情所奴役更不自由的了。

——1971年西点军校毕业生汤玛斯·梅兹中将

15. 一个人想要征服世界，首先要战胜自己。

——西点著名学者和教官约翰·阿比札伊德中将

16. 一个能自制的思想，是自由的思想，自由便是力量！有时，为了获得真正的自由，必须暂时尽力约束自己。

——西点军校毕业生、美国陆军上将欧玛·纳尔逊·布莱德雷

17. 请只是告诉我结果，不必做出更多的解释。

——1886年西点军校毕业生潘兴

18. 在这个世界上，没有什么比“坚持”对成功的意义更大。

——美国第三十四任总统艾森豪威尔

19. 忍耐是人生过程中，任何人都要承受的最困难的一件事。

——西点军校毕业生、美国陆军上将欧玛·纳尔逊·布莱德雷

20. 信心和毅力，比西点军校的毕业证书更重要。

——西点军校前校长克利斯曼中将

21. 强烈的成功欲望会使一个人忘记一切苦痛，迎来成功的一天。

——西点毕业生、著名作家爱伦坡

22. 不论碰到什么障碍和困难，你都可以尝试把它成功地进行到底。

——西点著名学子、美国军火大王杜邦

23. 能否多坚持一分钟，是人才和平庸之徒的分水领。

——西点著名学员、巴拿马运河的总工程师戈瑟尔斯

24. 如果我们用你渡过最艰苦时刻的状态去应付现在的话，你将会很快渡过面前的这个难关。

——西点军校1973年毕业生、经营管理顾问考克斯

25. 虚荣的人注视着自己的名字，伟大的人则注视着自己的事业以及自己的国家。

——西点军校学子、第一个在太空中行走的太空人怀特

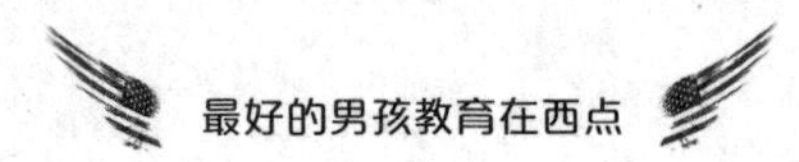

26. 以顽强的毅力和百折不挠的奋斗精神去迎接生活中的各种挑战，才能够免遭淘汰。

——西点著名校友、国际银行主席奥姆斯特德

27. 没有人生一帆风顺，任何人都会遭逢厄运。积极的心态和顽强的努力，会让你解决任何难题。

——西点学子、莱利斯·格罗夫斯准将

28. 重要的不是到底发生了什么不幸的事，而是你如何看待它们。

——西点著名学子、美国前国务卿亚历山大·梅格斯·黑格

29. 除了要克服来自生活的阻力，还要能够容忍别人偶尔不友好的态度。

——西点校友马克斯韦尔·D·勒将军

30. 进入“西点”，是一种荣誉，更是一种挑战。

——西点著名学子、美国第十八任总统格兰特

31. 训练时多流一加仑汗，战场上少流一加仑血。

——西点军校著名学子巴顿将军

32. 在人生的战场上，幸运总是光临到能够努力奋斗抢占先机的人身上。

——西点军校前校长佛雷德·W·斯莱登

33. 努力不懈是奔向梦想和目标的唯一坦途。

——西点军校学子、著名企业家威廉·B·富兰克林

34. 若想在自己内心建立信心，即应像洒扫街道一般，首先应将相当于街道上最阴湿黑暗之角落的自卑感情除干净，然后再种植信心，并加以巩固。

——西点著名学子、天才画家詹姆斯·A·M·惠斯勒

35. 环境不是不可改变的，只要你不是自怨自艾或垂头丧气，而是以顽强的信念，为自己创造更炫耀的前程。

——1901年西点军校毕业生、曾任校长的道格拉斯·麦克阿瑟

36. 不正面迎向恐惧，就得一生一世躲着它。

——西点军校著名学子、国际银行主席奥姆斯特德

37. 为了更好地解决问题，你不仅需要助手，也需要对手。

——1901年西点军校毕业生、曾任校长的道格拉斯·麦克阿瑟

38. 要迅速地、无情地、勇猛地、无休止地进攻！

——西点著名学子巴顿将军

39. 追求享乐和怠惰谁都会，能够战胜它们的人才堪称强者。

——西点校友多克·赖德

40. 处于现今这个时代，如果说“做不到”，你将经常站在失败的一边。

——西点军校前校长丹尼尔·W·克里斯曼中将

41. 信念不坚定，难有大的作为。

——1901年西点军校毕业生、曾任校长的道格拉斯·麦克阿瑟

42. 成功的卓越的领导者必须有自己独特的思考方式，在遇到阻力的时候，必须有自信。

——西点军校著名学子、美国第三十四任总统艾森豪威尔

43. 遭遇挫折并不可怕，可怕的是因挫折而产生对自己能力的怀疑。只要精神不倒，敢于放手一搏，就有胜利的希望。

——西点军校前校长伊·L·班尼迪克

44. 失败的原因往往不是能力低下，力量薄弱，而是信心不足，还没有上场，就败下阵来。

——西点校友、美国著名学者班杰明·S·尤厄尔

45. 要战胜别人，首先须战胜自己。

——西点军校校友、著名工程学家蒙哥马利·C·梅格斯

46. 有时候，阻碍我们成功的主要障碍，不是我们能力的大小，而是我们的心态。

——西点军校的第一任校长乔纳森·威廉斯

47. “没有办法”或“不可能”使事情画上句号，“总有办法”则使事情有突破的可能。

——西点军校教官约翰·哈利

48. 信心与意志是一种心理状态，是一种可以用自我暗示诱导和修炼出来的积极的心理状态！

——西点军校毕业生、天才画家詹姆斯·A·M·惠斯勒

49. 规则和纪律要一定遵守，但这绝不应该成为你墨守成规的借口。

——西点军校1987届毕业生、Compasss集团总裁约翰·克理斯劳

50. 敢于突破既有经验，常常会使你在绝处逢生。

——西点军校教官班杰明·斯帝克

51. 勤于动脑，敢于创新的人，才能争取主动。

——西点军校毕业生、美国前首席执行官詹姆斯·金姆塞

52. 宁可花费很大力气而不肯动脑的人，是另一种意义上的懒汉。

——1971年西点毕业生、著名企业家杰夫·钱彼恩

53. 不仅要达到目的，还要注意方法。

——西点军校毕业生、美国陆军上将欧玛·纳尔逊·布莱德雷

54. 灵活运用各种战术，在最短时间内给敌人造成最大伤亡和破坏。

——1909年西点军校毕业生巴顿将军